计算机基础教育"十三五"系列规划教材·程序设计类

Java 程序语言基础

主　编　张锦盛

副主编　牟　勇　　向金明　　朱晓晶
　　　　顾东虎　　李红育

参　编　丁　勇　　潘明波　　董应国

北京理工大学出版社
BEIJING INSTITUTE OF TECHNOLOGY PRESS

内 容 简 介

本书从培养软件工程师的角度出发，基于 Java 语言，向程序语言初学者介绍了现代高级语言的编程基础，包括：Java 程序结构、编辑、编译和运行方式；数据类型和变量；运算符和表达式；顺序、选择、循环三大流程控制结构；数组结构；函数结构；结构化程序设计的思想和方法。基于大量上机实训，本书介绍了大量现代高级程序语言的编程思想、设计技巧、编程方法，有助于初学者灵活掌握各种实用程序算法。此外，本书还详细介绍了当前比较流行的 Java 开发环境——Eclipse，帮助初学者理解并掌握运用 IDE 环境进行 Java 程序的开发。

本书分为理论部分和上机部分，每个章节的知识点在理论部分有问题引入、理论阐述，在上机部分有实训指导、作业巩固，以便初学者能够通过模仿、记忆、运用来学习和掌握编程技能。

本书可以作为高等学校计算机软件技术课程的教材，也可以作为管理信息系统开发人员的技术参考书。

图书在版编目（CIP）数据

Java 程序语言基础/张锦盛主编. —北京：北京理工大学出版社，2018.10（2018.11 重印）

ISBN 978 – 7 – 5682 – 6433 – 4

Ⅰ. ①J…　Ⅱ. ①张…　Ⅲ. ①JAVA 语言 – 程序设计 – 高等学校 – 教材
Ⅳ. ①TP312.8

中国版本图书馆 CIP 数据核字（2018）第 247934 号

出版发行 / 北京理工大学出版社有限责任公司	
社　　址 / 北京市海淀区中关村南大街 5 号	
邮　　编 / 100081	
电　　话 / （010）68914775（总编室）	
（010）82562903（教材售后服务热线）	
（010）68948351（其他图书服务热线）	
网　　址 / http：//www.bitpress.com.cn	
经　　销 / 全国各地新华书店	
印　　刷 / 北京富达印务有限公司	
开　　本 / 787 毫米×1092 毫米　1/16	
印　　张 / 18.25	责任编辑 / 梁铜华
字　　数 / 412 千字	文案编辑 / 曾　仙
版　　次 / 2018 年 10 月第 1 版　2018 年 11 月第 2 次印刷	责任校对 / 周瑞红
定　　价 / 42.00 元	责任印制 / 李志强

前　　言

自 Java 语言诞生以来，经过二十多年的发展，其语言体系已经广泛运用在 JavaScript、J2EE、SSH、Android 等众多技术体系中，成为全球软件开发行业运用得最广泛的高级语言。使用 Java 语言作为程序语言基础来学习，学习者既能掌握高级语言编程基础，又能学习到 Java 语言的语法特点和编程技巧，以便在今后的软件学习中起到事半功倍的作用。目前，Java 语言已经被各大高校作为程序语言学习、面向对象程序设计方法学习的首选程序语言。

作为面向 21 世纪高等院校计算机软件技术的教材，本书以重点培养学生的编程思想、方法和技巧为授课目的，侧重于培养计算机方向应用型人才实践动手能力。

本书分为理论部分和上机部分。

在理论部分，本书以程序与程序语言的联系和区别为起点，由浅入深地介绍了现代高级程序语言的语法特点、编程思想、编程技巧，以及一些常见问题的实现算法。从 Java 语言的程序结构、编译运行原理、开发和运行环境的配置，到程序语言的数据类型与变量、程序的输入输出、程序算法中的顺序、选择、循环三大结构，再到数组类型、函数结构以及基于函数的结构化程序设计思想，本书在理论部分全面细致地介绍了 Java 语言以及运用 Java 语言的程序设计知识和方法，并在每章安排了相关复习题。

在上机部分，本书安排了与理论部分知识相契合的上机实验内容，并按照先指导、后作业的步骤编写了上机练习与作业习题。

本课程建议学时为 64～96 学时，理论授课与上机实训的学时比例为 1∶2，各章节的建议授课学时如表 0－1 所示，各学院可以根据实际教学对理论授课与上机实训的内容及学时进行适当调整。

表 0－1　各章节建议学时安排

章节	各章总学时	理论授课学时	上机实训学时
认识程序及 Java 语言	4～6	2	2～4
Java 面向对象的程序文件结构和程序语言算法概述	4～6	2	2～4
数据类型和变量	4～6	2	2～4
运算符、表达式及顺序结构	4～6	2	2～4
比较、逻辑运算符与选择结构程序设计	8～12	4	4～8
循环结构程序设计	8～12	4	4～8
数组	8～12	4	4～8
函数	12～18	6	6～12
银行储蓄账户管理子系统综合项目案例	8～12	4	4～8

本书由张锦盛担任主编，他负责全书的统筹、架构设计、质量审核与控制等工作，编写了理论部分的部分章节、上机部分的全部实验，并提供了全书的案例。参加本书编写、指导工作的同志还有牟勇、向金明、朱晓晶、顾东虎、李红育、丁勇、潘明波、董应国。具体分工为：理论部分的第 2 章由张锦盛、朱晓晶编写，第 3 章由向金明编写，第 4 章由顾东虎编写，第 5 章由李红育编写，第 6 章由牟勇、丁勇编写，第 8 章由牟勇编写；上机部分的第 2 章由朱晓晶编写；其他内容均由张锦盛编写。本书由潘明波和董应国负责理论部分案例测试和文章内容指导。本书得以顺利出版，感谢云南工商学院的领导和老师给予的大力支持和帮助。

　　本书采用 Eclipse 开发环境，运用 Eclipse 的 IDE，有助于提高学生编写 Java 程序的速度，提高其学习效率。本书还提供了用于学习开发 Java Web、Android APP 的开发平台，以便学生了解现代软件项目的文件管理结构。本书介绍的实例源程序都已经在 Windows 10 下的 Eclipse 开发环境中调试运行并通过，所有实例的输出结果均已通过严格的测试，可以确保源程序的正确性。

　　由于时间仓促，书中难免存在不妥之处，请读者原谅，并提出宝贵意见。

编　者

CONTENTS 目录

理 论 部 分

上 机 部 分

理 论 部 分

第1章

认识程序及 Java 语言

知识要点

✓ 程序设计语言概念
✓ Java 语言的发展历史及其特点
✓ Java 语言开发环境搭建
✓ Java 语言程序结构特点
✓ Java 语言程序的编译和运行机制

问题引入

程序是什么？计算机语言和程序有什么关系？计算机语言和人们日常使用的自然语言有哪些相同点和不同点？程序设计与我们平时写数学计算公式、写作文有什么联系与区别？

程序是用什么工具编写的？程序以哪种文件（或形式）存在？计算机是如何运行程序的？

初学者为什么要从 Java 这门程序语言开始学习计算机语言？如何在计算机安装可以编辑、编译 Java 程序的工具？

1.1 程序设计基本概念

1.1.1 程序设计概述

基于计算机的处理机制，根据问题描述，使用程序语言对问题进行解题方法分析，最终给出解决问题的具体化步骤的文档，这一处理过程就是程序设计。

程序设计是软件构造活动中的重要组成部分，每一个软件的实现都是通过对一个又一个具体问题进行程序设计而从无到有构造出来的。

在程序设计中，只有基于某种程序设计语言，以及支持这种程序设计语言的开发工具或平台，才能编写出以程序文件为载体的程序内容。最终，将程序交由计算机来识别和运行。程序设计过程分为分析、设计、编码、测试、排错等不同阶段。在专业和岗位上，程序设计人员常被称为程序员。

1.1.2 程序设计语言

程序设计语言是用于书写计算机程序的语言，它是一种含有语义、能被程序员书写与阅读、还能被计算机通过特殊软件编译（或翻译）后进行执行的语言。程序设计语言的基础是一组记号和一组规则，如果用英语中的单词来代表程序设计语言中的某个特殊指令或功能，那么英语中的语法就代表了规定众多单词组合成句的语义规则。

程序设计语言与计算机在同一时代诞生，自20世纪60年代以来，有超过1 000种计算机程序语言被发明和公布，但只有很少一部分得到了广泛应用。随着计算机数据处理能力、数据存储能力，以及计算机所需处理问题规模的发展，工程师们对程序设计语言也在不断升级和创新。从发展历程来看，程序设计语言可以分为机器语言、汇编语言、高级语言。

1. 第一代——机器语言

对于计算机而言，最明确的指令就是"是"和"否"，代表这两种指令的状态也很多。例如，用电流表示——高电压表示"1"，低电压表示"0"；用电波表示——有波表示"1"，无波表示"0"；用磁介质存储——有磁表示"1"，无磁表示"0"；用光盘或纸条表示——有洞表示"1"，无洞表示"0"；等等。

因此，最早的程序设计语言就是由二进制代码指令构成的机器语言。例如，"17 + 3"可以表示为"10001 10 11"，其中的"10001"表示"17"、"10"表示加法、"11"表示"3"。由于不同的 CPU 具有不同的二进制指令系统，且不同 CPU 上的机器语言指令不通用，因此机器语言具有难编写、难理解、难修改、难维护、难共享的缺点，编程效率极低。机器语言目前在程序设计中已经被淘汰了，但在计算机的底层程序处理中依然无可替代。

2. 第二代——汇编语言

汇编语言指令是将机器指令进行符号化，也就是将二进制指令用类英语符号来替代。例如，用指令符号 ADD 表示加法，用指令符号 MOV 表示将一个数据存储到某个地址空间。

在汇编语言中，数字使用十进制或十六进制，从而大大简化了数据的表示。例如，在进行加法运算"17 + 3"时，先将"17"放进寄存器 AX，再将"3"放进寄存器 BX，然后将两个寄存器中的值进行相加的汇编。具体指令为：① MOV   AX   17   ② MOV   BX   3   ③ ADD   AX   BX；或① MOV   AX   11H   ② MOV   BX   3H   ③ ADD   AX   BX（用十六进制数）。

虽然汇编语言将难以理解的二进制指令用类英文符号来代替，但是其编程思想仍然遵循以机器为主的设计思想，所以汇编语言有难学难用、容易出错、维护困难等缺点。但是，由于汇编语言可以直接访问系统接口，所以用汇编语言设计的程序在被转换为机器语言后，运行效率高。从软件工程的角度来看，只有在高级语言不能满足设计要求，或不具备支持某种特定功能的技术性能（如特殊的输入/输出）时，才会使用汇编语言。

3. 第三代——高级语言

高级语言是面向用户的、基本独立于计算机种类和结构的语言。也就是说，高级语言与用户使用哪台计算机，以及该计算机使用哪种CPU没有关系。高级语言的最大优点是在形式上接近算术语言和自然语言，在概念上接近人们通常的逻辑思维方式。高级语言的一条命令可以代替汇编语言的几条、几十条甚至几百条指令。因此，高级语言易学、易用、易理解，通用性强，应用广泛，适合解决更为复杂的工程性问题。高级语言种类繁多，有早期的Basic、Pascal、Fortran、C、C++等语言，也有现在的VB、Delphi、C#、Java、Object-C等语言，还有Ruby、Python等脚本语言。本书作为现代高级程序语言的入门教材，将高级语言按照客观系统分为面向过程语言和面向对象语言。（注：脚本语言不在本书的涉及范围内）。

1）面向过程语言

面向过程语言是以解决具体问题为目标的高级语言，它围绕数据（变量）和加工数据的过程（方法）进行程序设计，是以"数据结构＋算法"程序设计范式构成的程序设计语言。Basic、Pascal、C语言都是面向过程语言。

2）面向对象语言

面向对象语言是以"对象＋消息"程序设计范式构成的程序设计语言。它不关心问题的具体求解过程，而是关心任务和任务完成者的分派和协作关系，力图将一个工程性问题按照任务种类的不同而交给不同的对象去完成。在当今的大规模工程化领域的应用软件程序设计要求中，面向对象语言已成为软件设计的主流。目前比较流行的面向对象语言有Delphi、VB、Java、C++等。

1.1.3　程序的编译、解释和执行

程序是指程序语言编写的指令集，我们通常称之为源程序。源程序拥有类英语的符号和结构，它面向用户源。源程序无法被计算机理解和执行，因为计算机只能识别和执行机器语言（二进制代码）。因此，用高级语言编写的源程序在交给计算机进行执行前必须历经一个中间环节，即将用高级语言编写的源程序转换成计算机能执行的机器语言。源程序的转换有两种方式，即编译和解释。

1. 编译

编译方式是将整个源程序先转换成等价、完整、独立的目标程序，然后通过连接程序将目标程序连接成可执行程序。该可执行程序就是计算机能识别的机器语言，因此执行效率非常高。但由于机器语言依赖计算机系统，因此不同计算机系统生成的可执行程序是不能在对方的计算机上执行的。目前主流程序语言中的C、C++、VB、Delphi、C#语言，以及现在已经基本不使用了的Basic、Pascal等语言均采用编译方式。

2. 解释

解释方式是将源程序逐句翻译，一边翻译一边执行，不产生目标程序，也不产生可执行程序。在整个执行过程中，解释程序都一直在内存中。

1.1.4 程序设计的步骤

程序设计的步骤就是用程序设计思想来分析问题，设计解决问题的方法和过程，并将解决问题的过程步骤化，最后用程序语言来将解题过程符号化。一般来说，程序设计的步骤可以分为：

1）分析问题

能用计算机解决的问题一定都是数据处理问题，因此，分析问题的重点就是分析最初的数据是什么、要获得的数据是什么、应使用怎样的算法和经验来将最初的数据处理成所需的数据。

2）设计算法

设计算法是指根据所需功能，将最初数据到最终数据的处理过程步骤化，且每一步都必须是一个明确的、具体的动作。

3）问题的程序化

问题的程序化是指将内存的开辟、数据的输入、数据的加工步骤、最终数据的输出等执行目标用程序设计语言的符号按照其特定的语义规则进行替换。

4）程序的调试和验证

程序的调试和验证是指给予程序预先设计好的数据，经过程序处理来验证程序设计得是否正确。

程序设计需要设计者有较强的逻辑思维能力。这有点像下围棋时，棋手先构思出一个局部（甚至整个）棋盘，然后构思五六步（甚至更多步）棋路，并思考各种对弈可能性，最终将构思的棋路落实到棋盘上。也许初学者会觉得学习程序设计很难，但由于程序设计有固定的设计范式和为数不多的程序算法，因此只要多加练习，初学者很快就能熟练掌握 Java 语言，成为一名出色的程序员。

1.2 Java 语言的发展及其特点

1.2.1 Java 语言的发展

Java 语言于 1995 年 5 月由 SUN 公司推出，是一种具有跨平台特点的面向对象的高级程序语言。该语言的前生是被希望用在电视机、冰箱、洗衣机等消费类电子产品上的 Oak 语言。当时，由于 Oak 语言在电子产品生产商中始终难以达成标准，因此发展得非常慢。20世纪 90 年代后期，互联网发展迅速，人们希望有能适应不同的硬件设备和操作系统的跨平台的程序语言。Oak 项目组把握这一需求，将 Oak 语言进行改写后推出了 Java 语言，并使用 Java 语言编写出了跨平台的浏览器——HotJava，轰动了 IT 界。从此，Java 语言成了继 C 语言后业界使用得最广泛的程序语言。

然而，Java 语言在推出后并未立即受到程序员的追捧。那时，Java 语言在许多方面还不成熟，需基于文本编辑器来进行程序的编写、调试、编译、运行，缺乏合适的 IDE（Integrated Development Environment，集成开发环境），难以工程化管理和文件编写。这些缺点阻碍了 Java 的发展。到了 1998 年，随着 JBuilder、MyEclipse、IntelliJ IDEA、Eclipse、NetBeans 等众多支持 Java 语言开发的 IDE 的出现，以及 JDBC、JavaBean、JSP、Servlet、EJB、XML、CORBA 等越来越多的 API（Application Programming Interface，应用程序编程接口）和技术融入 Java 技术，Java 语言逐渐成为程序员的宠儿。

1.2.2　Java 语言的特点

Java 语言是目前使用得最广泛的网络程序语言之一，在 Windows 应用、Web 网站、企业应用、移动设备或其他智能设备的开发领域，Java 语言几乎无所不能，这都归功于其具有的语法简单、面向对象、与平台无关、多线程、分布式、安全性、动态性、高性能等特点。与平台无关是 Java 语言风靡世界的最重要原因。

1. 语法简单

Java 语言的语法简单体现在作为程序语言，它的数据类型和语句与大多数程序语言几乎相同，初学者只要学习过一门其他的程序语言，就能非常容易地学习和掌握 Java 语言。相对于 C、C++ 等语言，无论是常用数据类型，还是基本的功能性指令，Java 语言都更加简单、更加易于理解和掌握。Java 语言基于面向对象提供了大量类库，使编写多线程、网络通信等程序变得更加简单。此外，Java 语言把 C、C++ 语言中众多容易混淆的概念和用法要么抛弃不用（如指针、操作符重载），要么用更加清楚、易懂的方式来实现（如结构体用类实现）。总的来说，无论是用于学习还是用于开发程序，Java 语言都比其他语言更简单。

2. 面向对象

Java 语言是面向对象的高级语言，基于面向对象的程序设计更加符合人的思维方式。Java 语言具有使用封装、继承、多态等面向对象特性，能更加容易和准确地对工程型复杂问题进行分析、描述和解决。

3. 与平台无关

Java 语言的出现源于对跨平台的需要，这也是当初开发 Java 语言和 Java 语言能被广泛应用的原因之一。平台无关性就是使用同一种高级语言编写的程序能在安装不同操作系统的计算机上编译和运行。例如，C 语言在安装 Windows 系统的计算机上编译出的执行文件，在安装 UNIX 系统的计算机上就无法执行，这就是平台有关性。

Java 语言如何做到与平台无关呢？这源于 Java 语言统一将源程序编译后产生一种与平台无关的字节码，即在安装任何操作系统的计算机上编译产生出的字节码都是完全一样的。字节码也称为 Java 虚拟机（Virtual Machine）的指令代码。这种代码不能直接运行，但可以通过网络传送到不同的计算机上，由该计算机上的 Java 解释器（即 Java 虚拟机，可以理解为一个基于字节码的翻译机）来执行，真正实现了一机编译，多机执行。这种方式使 Java 语言的字节码像一种计算机界的"世界语"，可以在 Internet 上传送，然后由各地懂"世界语"的计算机"翻译"成大家能懂的语言。所以，Java 语言能够近乎完美地实现与平台无关。

Java 语言跨平台的核心是 Java 虚拟机，它可以将 Java 字节码翻译成能被本地计算机执行的二进制文件，任何计算机或智能设备只要安装了 Java 虚拟机，就能执行 Java 的字节码文件。也可以把 Java 虚拟机看作一个可以应用于计算机操作系统的微操作系统，该操作系统专门用于运行 Java 程序，其原理示意如图 1-1 所示。

图 1-1　Java 虚拟机的原理示意

4. 多线程

多线程是指在一个程序中可以同时执行一个以上线程。由于每个线程都包含一个独立的任务，因此多线程执行通常是指并行执行多个任务。

线程与进程相似，也是执行中的程序，但线程的数据较少，且多个线程共享一组系统资源。系统处理线程时的负荷要比处理进程时的负荷小。

多线程的优点是可以合理调配多个任务，交互式响应性能较好，并有实时特性。例如，执行打印任务所需的时间很长，如果程序为单线程，那么未打印结束就不能做其他事情。采用多线程后，就可以一个线程负责打印，其他线程继续执行别的任务，这样就可以减少时间浪费。

多线程比单线程要难以实现（C++ 语言没能实现多线程），但 Java 语言实现了多线程功能，该功能完成了其他语言难以实现（或实现得不好）的数据同步化过程，避免了资源冲突。这是 Java 语言的又一个突出优点。

5. 分布式

Java 语言非常适合分布式应用。这是因为 Java 语言的通用类库可以很方便地应用于 TCP/IP、HTTP 和 FTP 等网络协议，并通过 URL（统一资源定位符）来存取网络对象的功能类库，使利用 Java 语言开发的软件可以非常简单地将组成软件的程序和资源文件部署在不同地域的众多计算机中。例如，可以让一个 Java 程序同时读取或运行来自两台不同计算机的声音文件、数据文件。

6. 安全性

Java 语言是适用于网络、分布环境的一种程序语言，因此安全性是非常重要的。由于

Java 源程序可以在网络和移动设备上进行发布和传输，如果带有病毒，将严重威胁执行这些源程序的所有客户机器，语言的运用将受到极大限制。因此，Java 语言的设计师们设置了多道关卡以防病毒入侵。

（1）取消指针。由于没有指针，所以 Java 程序操作不了计算机的内存，这就可以防止非法程序改写系统内存，以及系统资源相关的对象，即在程序上防止破坏计算机系统。

（2）增加字节码验证过程。Java 的设计者在源程序编译生成的字节码中增加了校验码，不管从哪里来的字节码，在进入解释器之前，都先由字节码检验器检查其安全性，否则就不予执行。

（3）在真正运行 Java 字节码程序时，操作系统并不直接参与运行字节码，而是由 Java 解释器（Java 虚拟机）来进行翻译执行。Java 虚拟机拥有自己独立的内存管理和程序执行任务分配机制，能将任何需要执行的 Java 字节码都与计算机的操作系统和内存隔离开，从而防止 Java 字节码在执行时访问计算机的文件系统。

有了这些安全性防范设置，使用 Java 语言编写的软件在任何系统都很安全。

7. 动态性

Java 语言的动态性是指其面向对象设计的扩展。它提供运行时刻的扩展，即在后期才建立各模块间的互连，各个库可以自由地增加新的方法和实例变量。这意味着现有的应用程序可以增加功能，只须连接新类封装所需的方法。

C ++ 语言是多重继承的，若某个超类改变了某个方法或变量，其子类就必须重新编译。Java 语言则用接口来实现多级继承，所以使用起来比 C ++ 语言的多重继承更灵活。

Java 语言的动态性使它能够胜任分布式系统环境下的应用，位于各计算机的类可以自由地升级，而不影响原 Java 应用程序的运行。

8. 高性能

由于兼顾了可移植性、安全性、健壮性、结构中立等特点，所以 Java 语言的其他性能有可能降低。例如，Java 语言解释、执行字节码的速度显然比不上 C ++ 语言执行机器码的速度。因此，Java 语言的设计者采取了一些技术来保证高性能。

（1）内建多线程。这能提高 Java 程序的性能。

（2）使用有效的字节码。编译后的字节码很接近机器码，可以在任何具体平台上被有效地解释。

（3）在运行期间将字节码译成当地机器码。不过，这需要经过一段延迟时间才能运行。

（4）连接到本地的 C 语言代码。这样做能使 Java 程序的效率很高，但可能使其失去可移植性。

1.2.3 Java 语言体系

Java 语言的跨平台性保证了以 Java 语言为基础可以发展出适合于不同平台、不同设备、不同应用方向的软件开发体系框架及其类库。目前，Java 语言已推出了以下 3 个版本的体系。

1. J2SE（Java 2 Platform Standard Edition）标准版

该体系是为开发普通桌面和商务应用程序提供的一套解决方案。该体系是其他两者的基础，即在开发另外两个体系软件时，除了需要使用对应体系框架和类库外，还必须同时安装和使用 J2SE。J2SE 可以用于开发桌面应用程序、桌面游戏、系统接口和插件。

2. J2EE（Java 2 Platform Enterprise Edition）企业版

该体系是为开发基于 B/S 架构的网站以及企业环境下的 Web 应用程序而提供的一套解决方案。

该体系中包含的技术有 Servlet、JSP、Spring、Hibernate、Struts、EJB 等。

3. J2ME（Java 2 Platform Micro Edition）小型版

该体系是为开发电子消费产品和嵌入式设备而提供的一套解决方案，如在智能手机、智能手表、智能家用电器上的应用。但是，随着 Android 的兴起，J2ME 的使用已经越来越少了。

1.3　Java 语言环境的搭建

1.3.1　Java 语言环境概述

Java 语言环境就是编写和运行 Java 程序所需要在计算机上安装的软件集。Java 语言环境分为 Java 运行环境（Java Runtime Environment，JRE）和 Java 软件开发工具包（Java Development Kit，JDK）。JRE 包括 Java 虚拟机（Java Virtual Machine，JVM）、Java 核心类库和支持文件，拥有 JRE 就可以运行 Java 程序文件和 Applet（采用 Java 语言编写的小应用程序），但是不能开发、调试、编译 Java 程序及其文件。JDK 除了包含 JRE 的内容外，还提供了开发 Java 程序、GUI 应用、Java Web 应用、Android 应用所需的 Java 核心类库，同时也提供了对 Java 程序、项目、文档进行调试、编译、运行和打包发布等操作的工具。

1.3.2　JDK 及其版本

无论是一般的 Java 程序，还是基于 Web、移动设备、嵌入式设备上的 Java 应用程序，都需要安装 JDK。JDK 是 Java 开发的核心，它包含了 Java 的运行环境、Java 工具和 Java 基础的类库。由于 Java 是跨平台的语言，因此 JDK 提供了适应于 Windows、UNIX、Linux 等多种平台的版本。虽然版本不同，但由于 API 是一致的，因此程序员无论在哪个平台下开发的 Java 程序都能相互通用。

目前，JDK 已经从过去的 1.0 版本升级到了现在的 8.0 版本，各版本都向下兼容，且提供了新的类库和特性。学习者最好下载最新版本的 JDK，否则，那些基于 JDK 开发的工具（如 Tomcat、Android Studio 等）可能出现不兼容。

1.3.3 Java 语言的环境搭建

1. 下载最新版本的 JDK

大家可以在 Oracle 官方网站的下载区（https://www.oracle.com/cn/downloads/index.html）下载最新版本。在下载前，应注意选择适合目标操作系统的版本。

2. 安装 JDK

运行 JDK 的 .exe 安装文件时，安装路径可以使用默认路径，也可以自定义安装路径。安装完成后，如果安装路径下有 JDK1.X 和 JRE1.X 两个子目录，就表示开发工具包和 Java 运行环境已经安装成功。

3. JDK 的环境变量设置

这主要是在计算机中添加一条可以随时随地找到 JDK 和 JRE 所在路径的信息。具体设置步骤如下：

（1）右键单击"我的电脑"图标，在弹出的菜单中选择"属性"选项，在弹出的窗口中选择"高级系统配置"选项，然后在弹出的窗口中选择"环境变量"，添加一个叫做 JAVA_HOME 的环境变量名，并设置其值为 JDK 的安装路径。JDK 的默认安装路径为 C:\Program Files\Java\，如图 1-2 所示。

图 1-2 Java 环境变量的配置

（2）设置 Path 和 ClassPath 环境变量。按照前面设置 JAVA_HOME 环境变量的方法，设置 Path 和 ClassPath 的环境变量。

Path 环境变量用来设置引入 JDK 编译、调试、运行等工具文件的路径：

Path = % JAVA_HOME% \bin

ClassPath 环境变量用来设置引入 JDK 开发工具类库的路径：

ClassPath =. ;% JAVA_HOME% \lib\dt. jar;% JAVA_HOME% \lib\tools. jar

注意

起始的 "." 和 ";" 不能省略。

（3）设置完成后，若要检验环境变量是否设置成功，只需在命令行下敲入 "java" 并回车。如果出现如图 1 - 3 所示的对 java 命令的使用说明，则表示 JDK 已经安装成功，且环境变量设置得正确。

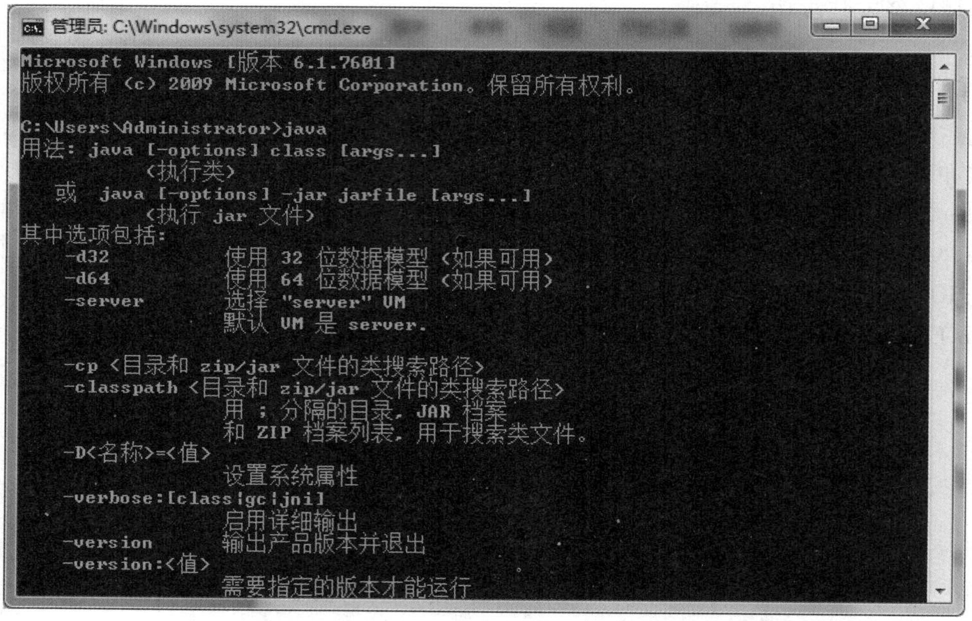

图 1 - 3　检查 Java 运行环境

1.3.4　Java 语言常用的集成开发环境（IDE）

Java 语言的开发环境非常简单，直接使用写字板或者记事本就可以编写 Java 程序。但是，对于目前使用工程化、项目化方式进行开发、管理、调试、运行的 Java 程序，使用 Java 集成开发环境（IDE）则是一个更为明智的选择。

Java 语言常用的集成开发环境（IDE）非常多，目前大致可以分为开源免费和收费。例如，Eclipse、NetBeans、JDeveloper、JCreator 属于开源免费的 IDE；Myeclipse、JBuilder 和 I-DEA 属于收费的 IDE。目前，比较流行的用于开发 Java 程序的 IDE 是 Eclipse、Myeclipse 和 IDEA。在本书中，为了让学习者更好地学习 Java 语言，将采用最初由 IBM 公司推出，之后交给 Eclipse 社区提供的开源免费的 IDE Eclipse。

  Java 程序开发者可以到网址 https://www.eclipse.org/downloads/eclipse - packages/下载最新版本的 Eclipse。由于本书仅用于学习 Java 语言的程序设计基础，而不涉及 Java Web 的相关开发知识，因此选择 178MB 的 Eclipse IDE for Java Developers，如图 1 - 4 所示。

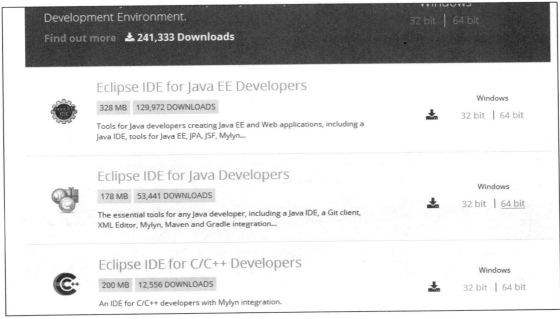

图 1 - 4 下载 Eclipse 安装包

  下载完成后，得到压缩文件 eclipse-java-oxygen-R-win32-x86_64.zip，直接解压，并运行 eclipse 目录下的 eclipse.exe。启动界面如图 1 - 5 所示。

图 1 - 5 安装 eclipse IDE

Java程序语言基础

启动后，需要指定以后编写 Java 程序的程序文件的存放路径，如图 1-6 所示。之后就进入 Java 的 IDE eclipse IDE 界面，示意如图 1-7 所示。

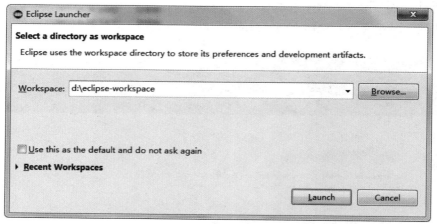

图 1-6　指定存放路径

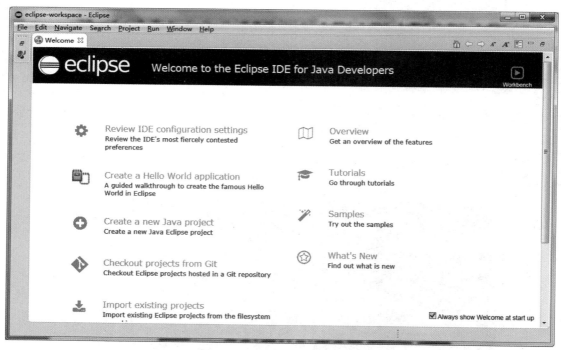

图 1-7　eclipse IDE 界面示意

1.4　简单的 Java 程序

编写 Java 程序时，既可以先使用记事本进行编辑，然后使用命令行进行编译、运行，也可以直接在 IDE 上进行程序的编写、编译和运行。本节以最基本的记事本、命令行方式来进入对 Java 语言的学习。

14

1.4.1 一个简单的 Java 程序

首先，创建一个名为 javacode 的目录，并在该目录下创建一个名为 Char01 的子目录。然后，打开记事本或者写字板，并在编辑环境下书写例 1 - 1 的代码，将文件保存在 d:\javacode\Char01\HelloWorld.java。

【例 1 - 1】 在控制台输出 "Hello World" 字符串。

代码如下：

```
//第一个 Java 程序
public class HelloWorld {   //定义 HelloWorld 类

    /*
    每个程序都拥有一个 main() 方法,它是程序执行的起点
    这个程序将向命令行输出一段文本"Hello World"
    */
    public static void main(String[] args) {
        System.out.println("Hello World");
    }

}
```

1.4.2 Java 程序的结构

1. Java 程序的类、方法、代码的三层结构

一个简单 Java 程序是由类、方法和具体执行指令的代码共三个层次构成的。为什么要使用这样的方式呢？初学者可以用最简单而直接的方式来理解，那就是代码（人完成的某个具体动作）属于方法（人的某个行为），方法属于类（行为的执行者，也就是人），其结构原理示意如图 1 - 8 所示。

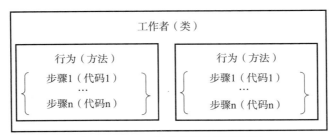

图 1 - 8 Java 程序的结构原理示意

【例 1 - 2】 在控制台输出中文 "你好，世界！" 字符串。

代码如下：

```
public class HelloWorld{ //类定义,可以视为动作的实施者,即工作者
    public static void main(String[] args){ //方法,可以理解为某一行为
        System.out.println("你好,世界!"); //指令,是行为的某一具体动作内容
    }
}
```

 说明

要想识别程序的指令，只要看代码行后面是否有";"就可以确定了，这是程序指令结束的标志。在 Java 程序中，指令不能编写在方法之外。

2. 类关键字 class 和{ }

每个 Java 程序都必须有一个类，类用关键字 class 来声明，class 的后面是类名，类名必须是一个符合 Java 标识符规则的连续字符序列（关于标识符规则，将在第 3 章进行讲解）。类名的后面需要使用"{ }"来定义类的边界。在"{ }"中，还包含类的方法。

语法：

class 类名 {

    … …

}

3. 方法和 main( )方法

 说明

方法在结构化编程设计思想中还有另一种叫法——函数。我们将在第 8 章中讲述的函数其实就是方法，函数是为了更好地适应以程序语言的结构化程序设计算法编程思想而对方法的另一种称谓。大家可以把"方法"和"函数"理解为同一内容。

Java 程序的类可以定义多个方法，但是只能定义一个 main( )方法，所有的指令只有放在 main( )方法中才能被计算机执行。可以这样说，对于程序语言基础的初学者而言，main( )方法是每个源程序文件中必需的、关键的构成部分。

main( )方法必须遵守规则在类结构中定义，同时被申明为 public 类型和 static 类型。

语法：

public static void main(String args[ ]) {

    … 具体指令代码…

}

注意

> public 是公开的，指计算机在执行该程序时能不受约束地使用它；static 是静态的、唯一的，保证一个类只能拥有一个 main( ) 方法。
>
> 另外，java 的 main( ) 方法还拥有参数，便于接收来自用户的执行输入。

4. Java 源程序文件的命名

Java 源程序文件的扩展名必须以 .java 结尾，文件名则必须与包含有 main( ) 方法的类的类名相同。此外，Java 程序是区分大小写字母的。因此，"HelloWorld" 和 "helloworld" 会被认为是两个完全不同的名称。例如，在例 1-1 的 Java 程序中，包含 main( ) 方法的类名为 HelloWorld，则源程序文件的名称应该为 HelloWorld.java，而 helloworld.java、HelloWorld.txt 等名称均不正确。

1.4.3 Java 程序的命令行方式的编译和运行

Java 源程序文件中的 Java 程序是使用类英语程序语言编写的文件，程序员能很好地理解它，但计算机却不能理解，因此需要一个将它解释成计算机能理解的二进制语言文件。

Java 属于解释型语言，因此计算机要运行它，首先需要把源程序文件进行编译，生成扩展名为 .class 的字节码文件。但该文件依旧不能被计算机直接运行，其代码将被一行一行地交给 Java 虚拟机解释为计算机所能理解的二进制代码，再由计算机来执行，才能获得结果。Java 源程序文件的编译和运行机制示意如图 1-9 所示。

图 1-9 Java 源程序文件的编译和运行机制示意

因此，Java 源程序文件的执行被分解为两个步骤，需要两个 Java 命令。这两个命令由存放在 JDK 的 bin 目录下的两个命令执行文件（javac.exe 和 java.exe）提供，具体如下：

1. 将源程序文件编译为字节码文件

在命令行方式下，使用 cd 命令进入源程序文件目录，输入以下命令：

javac 完整的源程序文件名

例如，

```
javac HelloWorld.java
```

如果源程序文件的名称正确（含大小写），且源程序没有语法错误，则在执行 javac 命令后光标就跳转到下一行，且没有任何错误提示。此时，源程序文件目录下会增加一个名为 HelloWorld. class 的文件名。

2. 将 . class 字节码文件翻译执行

在命令行方式下，输入以下命令：

java 字节码文件名

例如，

```
java HelloWorld
```

此时，命令行将显示：

你好，世界！

1.4.4 Java 程序的注释

在 Java 程序中，常有一些文本（或代码）的前面有"//"标注，或者前面用"/ ＊"、后面用"＊/"标注，这些包含"//"或"/＊   ＊/"的文本（或代码）叫做注释。注释是一种不被编译和执行的程序编码，它主要用来对程序结构或指令进行备注、说明，即不用于计算机理解和执行。保持良好的程序注释习惯，是成为一名优秀程序员必备的能力。此外，企业在开发应用软件时，一定会要求软件源程序中包含必要的注释。

Java 注释分为三种：单行注释、多行注释和文档注释。

1. 单行注释

语法：

//comments

从"//"开始，至该行结束的内容是注释部分，编译器予以忽略。例如，

```
//这是我的第一个Java程序
```

2. 多行注释

语法：

/＊ command ＊/

在"/＊"和"＊/"之间的所有内容均为注释部分，位于"/＊"和"＊/"之间的内容可以是一行，也可以是多行。例如，

```
/*
每个程序都拥有一个main()方法,它是程序执行的起点
这个程序将向命令行输出一段文本"Hello World"
*/
```

3. 文档注释

语法:

```
/**注释行1
*注释行2
*...
*注释行n
*/
```

文档注释在使用方法上与多行注释一致。另外，还可以使用javadoc命令来识别该注释，并将该注释写入自动创建的java程序说明文档中，从而大大方便软件开发项目团队为自己的软件编写程序说明文档。例如，

```
/**
*一个简单的Java程序,输出"你好,世界!"
*作者:张锦盛
*日期:2017-7-11
*/
```

1.4.5 Java 代码的风格规范

1.{}的风格规范

{}用于定义类块、方法块以及控制块，用于规定一段程序语句集的范围。

1）类似C语言的风格规范

在C语言中，开始块"{"和结束块"}"各自占有单独的一行。Java语言可以使用类似C语言的风格规范。

【例1-3】 类似C语言风格规范的Java程序。

代码如下：

```
public class CStyle
{
    public static void main(String[] args)
    {
        System.out .println("C语言的风格规范");
    }
}
```

2）Java 语言的风格规范

Java 语言为了使代码更加简短，它的开始块"｛"写在声明的后面，与声明在同一行，而结束块"｝"写在主体的后面，自成一行。

【例 1 - 4】　当前 Java 语言风格规范的 Java 程序。

代码如下：

```
public class JavaStyle {
    public static void main(String[] args) {
        System.out.println("Java 语言的风格规范");
    }
}
```

2. 代码的缩进

在 Java 语言中，规定以"｛　｝"作为程序代码的上下文包含关系，且"｛　｝"中的代码要相对于"｛"向右缩进 4 个空格，通常使用一个 Tab 键来代替 4 个空格。例如，

```
{
- Tab - {
- Tab - }
}
```

采用这种方式编写的代码具有结构规范、可读性强的优点，且易发现其中语法错误。

本章小结

本章在一开始介绍了程序设计、程序设计语言、程序语言的发展历史和种类，阐述了程序的编译、翻译和执行的机制和特点，引出了 Java 语言，然后介绍了 Java 语言的历史和特点、Java 语言的开发环境及其常用的编写工具，并用简单的案例阐述了 Java 语言的基本程序结构、运行机制。

复　习　题

1. Java 语言环境包括_____。

A．JDK　　　　　　　　　　　B．JRE

C．IDE　　　　　　　　　　　D．以上所有

2. Java 语言具有的特点包括_____。

A．面向对象　　　　　　　　　B．跨平台

C．安全　　　　　　　　　　　D．以上所有选项都正确

3. Java 源程序文件的扩展名为_____。

A．．txt　　　　　　　　　　　B．．exe

C．．java
D．．class

4．将 Java 源程序文件编译为字节码文件的命令是_____。

A．java
B．javac

C．javadoc
D．以上所有选项都不正确

5．翻译执行字节码文件的命令是_____。

A．java
B．javac

C．javadoc
D．exec

6．Java 程序指令要想被计算机执行，就必须要将指令放在_____。

A．class 类中
B．main（）方法中

C．如何方法中
D．以上所有选项都不正确

7．下列对 Java 的 main（）方法定义的选项中，哪个是正确的？_____

A．public void main（String args［］）｛…｝

B．public static void main（）｛…｝

C．private static void main（String args［］）｛…｝

D．public static void main（String args［］）｛…｝

8．下面这段代码所在的源程序文件的名称是_____。

　　public class HelloJerry ｛

　　public void sayHello（） ｛ … ｝

　　｝

A．hellojerry．java
B．HelloJerry．java

C．HelloJerry．class
D．sayHello．java

第 2 章

Java 面向对象的程序文件结构和程序语言算法概述

<<<<<<

知识要点

- ✓ Java 语言中的面向对象概念和特点
- ✓ Java 程序中的项目、包、类的结构组成
- ✓ 程序设计的原理和方法
- ✓ 程序中的算法概述
- ✓ 算法流程图的设计和说明

问题引入

由于 Java 是面向对象的计算机语言，所以无论是程序的结构还是 Java 提供的一些工具，都必然以面向对象的形态和方式来展现。因此，大家要理解一些面向对象程序设计的概念，并掌握 Java 面向对象的程序结构特点。

另外，计算机程序是基于众多的计算问题，用程序语言来设计、编写和实现的，那么程序是如何描述问题、分析问题、设计问题的解决步骤，最终获得正确结果的呢？本章将在 2.2 节介绍问题的程序化设计的思路、要求、方法以及技巧。我们要向大家阐述的思想就是：程序设计的核心是解题的逻辑思维和算法，其次才是程序语言的编码运用。

2.1 面向对象

虽然本书的重点是介绍 Java 程序语言编程基础，但是对于 Java 语言所体现的面向对象结构和面向对象概念，大家也应有所了解。Java 语言是纯面向对象的程序语言，它比其他面向对象的程序语言（如 C ++ 语言）更加完全地遵循面向对象的语言结构和设计思想。

2.1.1　面向对象概念

早期进行软件开发采用的是面向结构的程序设计思想和开发方法，其研究和设计的重点是问题的数据领域和数据加工方法和过程。它的优点是可以将问题的输入/输出、加工方法实现过程步骤化，能让计算机更好地完成对具体问题的求解和计算。20 世纪 90 年代后期，需要计算机处理的问题朝着工程化、项目化、企业化的方向不断发展，规模越来越大。此时，善于处理具体问题的面向结构的程序设计思想和开发方法在这样的问题面前就显得力不从心了，于是，面向对象的程序设计思想和开发方法应运而生。

面向对象（Object Oriented，OO）是一种从管理层的宏观角度去研究如何处理工程化、企业化问题的软件设计思想和开发方法，其研究的重点是将任务按照问题的领域和职能进行划分，并将相关问题的求解任务指定给合适的对象进行处理，在对象间有相互请求、互相配合协助的关系，最后将问题共同解决。例如，一家电子商务平台使用软件来实现其网购业务，它从业务的管理领域抽象出用户对象、商品对象、订单对象。这些对象各自管理自己领域内的数据，处理自己领域内的事务。同时，它们还互相合作。例如，商品对象向订单对象提供商品数据，订单对象向用户提供订单信息。

Java 语言将构成世界的一切都视为对象，例如，房子、汽车、企业、人、时间，甚至一条新闻；所有的数据和方法都是构成对象的基本要素，例如，构成一块窗帘（对象）的基本要素有长度、宽度、材质、颜色、重量等（数据），以及透气、透光、上下帘方式等（能力）。因此，在 Java 语言中，所有的数据都必须存在于对象中，所有的方法也都必须存在于对象中，这就是 Java 的每条程序指令都要被定义在 class（类）结构中的原因。

2.1.2　对象和类

在 Java 语言中，对象是一个具体实例，每一个具体实例都有其所属的类型。例如，"王小红"属于公民类型，"2017 – 9 – 11 14：41"属于时间类型，"戴尔游侠 7550"属于笔记本电脑类型。

类是对象所属的类型在计算机程序中的定义。由于面向对象认为世界是由对象构成的，因此一个软件是由众多类（class）构成的。因此，在所有 Java 开发工具中，编写 Java 程序的顺序是 New（新建）→Class（类），而不是 New（新建）→File（文件）。只有创建了一个类，才具备编写 Java 程序的载体和前提条件。

通过对本书的学习，大家会看到，每当需要编写 Java 程序代码（如定义一个变量或数组，练习一个选择结构、循环结构的流程控制作语句等）时，都必须将其放在一个类中才能实现。这就是 Java 语言面向对象的体现。

2.2　Java 的项目、包、类的管理结构

以前主要使用写字板或 Jcreator 作为 Java 程序的编辑工具，Java 的程序文件以一个一个

单独的源程序文件被分别进行编写和管理。由于软件开发都是以项目的形式出现，需要程序员团队合作开发，因此，随着软件规模的扩大，Eclipse、MyEclipse、JBuilder、Netbeans 和 IntelliJ IDEA 等 Java 开发工具都将 Java 程序文件的编写和管理上升到了 Project（项目）的层次。为了保证项目在团队合作开发中能更方便地组织、管理类及其对应的源程序文件，Java 提出了 package（包）结构。包结构是类的上级结构，Java 规定任何类必须属于某个包，否则它将无法运用面向对象的特性进行正确的管理和调用。因此，项目、包和类共同构成了 Java 语言开发软件的三层管理结构。

2.2.1　项目

项目是 Java 进行软件开发的管理整合架构，一个 Java 软件需要创建一个 Java 项目。项目除了包含 Java 源程序文件、Java 字节码文件以外，还包含管理项目所需的各种工具类库、资源程序文件等。如果是 Web 项目，则还要包含 HTML、JSP、CSS、JavaScript 等各种网页技术及其资源。

2.2.2　包

包是 Java 项目中用于管理类的中间管理结构。由于类的定义载体是 Java 源程序文件，因此在形式上经常看到包在结构中管理的是扩展名为 .java 的源程序文件。包的作用类似 Windows 操作系统中的文件夹，但功能要强得多。它除了能将文件按作用进行划分管理以外，还能避免源程序文件中定义的同名类产生冲突。如图 2 - 1 所示，chapter1 包、chapter2 包都创建了 StudyJava1 类（对应 StudyJava1.java 源程序文件），由于这两个 StudyJava1 类分别属于不同的包，因此 Java 项目认为它们是不同的类，允许它们并存于项目中。

图 2 - 1　Java 的项目、包、类的管理结构

Java 的包结构不仅体现在源程序文件的存储结构上，而且在源程序文件的内容上也必须拥有对所属包结构的定义。定义出现在类结构之外，在源程序文件的第一行必须用 package 关键字进行定义。例如，图 2 - 1 中的两个 StudyJava1.java 源程序文件的类定义，就必须在第一行用 package 关键字来声明所属的不同的包（chapter1 或 chapter2）。

【例 2 - 1】　在不同包中定义 Java 类。

（1）在 chapter1 包定义 StudyJava1 类。

代码如下：

```
package chapter1;
public class StudyJava1 {
    public static void main(String[] args) {
        //TODO Auto - generated method stub
    }
}
```

（2）在 chapter2 包定义 StudyJava1 类。

代码如下：

```
package chapter2;
public class SutdyJava1 {
    public static void main(String[] args) {
        //TODO Auto - generated method stub
    }
}
```

2.2.3 类及其 . java 的源程序文件

类是 Java 数据和方法的封装载体，任何数据（变量）的定义和操作、方法的定义和调用都必须写进类。通常，一个 Java 类默认定义在一个源程序文件中。文件是计算机软件的程序语言存储载体。从本书学习 Java 程序语言基础的角度，观察创建的每一个类：其载体是一个与类名同名的 . java 源程序文件；在源程序文件中，首先要定义 package（包），然后定义 class（类），并将 main( )方法定义在类中，之后所有的程序指令要写进 main( )才能运行编译和执行。

【例 2 - 2】 Java 类定义及其对应的源程序文件。

代码如下：

```
package chapter1;
public class StudyJava1 {
    //主方法,程序执行点
    public static void main(String args[]){
        int a;   //数据定义
        a = 5 * 2 - 16 /4;   //数据计算
        System.out.println(a);   //输出指令
    }
}
```

 说明

源程序文件及存放路径为：src/chapter1/StudyJava1. java。

2.3 面向对象中的程序指令和方法

面向对象对于方法的解释是：方法是对象具有的某种任务处理能力。任务处理能力由一系列具体的动作按一定的步骤组织而成，可以将其理解为人的所有具体动作都是为了实现某一目标的具体任务而产生的，不存在没有任何目的的单一动作。在 Java 语言中，具体的动作和执行步骤就是 Java 的单个程序指令，包括变量定义、变量赋值、计算、数据的输入/输出、各种流控命令等。它们都以"；"作为程序指令结束的标志。所有的程序指令代码必须放在类的方法中编写，否则就不符合代码规范。例 2 - 3 的程序编写就会带来编译错误。

【例 2 - 3】   程序指令代码未放在类的方法中。

代码如下：

```
package chapter1;
    public class StudyJava1 {
        int a;    //数据定义
        a = 5 * 2 - 16 /4;    //数据计算
        System.out.println(a);    //输出指令
    //主方法,程序执行点
    public static void main(String args[]){
    }
}
```

> 程序指令放在方法外，编译器将报告语法错误，无法进行编译和执行

2.4 程序设计的概念和方法

2.4.1 程序设计的概述和原理

程序设计是软件构造活动中的重要组成部分，它基于程序语言，对问题的范围、数据的输入/输出要求、解题步骤和过程进行分析与设计，制订出具有可行性、正确性、有效性的详细的解题步骤，再将步骤用特定的程序语言来进行结构化描述（该程序语言描述将被计算机进行翻译并执行）。可以这样说，任何一款优秀的软件产品，都少不了程序设计的功劳。

问题的程序设计原理与自然语言的解题原理是基本一致的，即要想得到结果，就必须先获得已知量，再通过对问题的分析、解题思路的设计，将求解过程步骤化。所不同的是，程序设计需要将解题过程按照计算机所能理解的顺序、选择、循环的结构进行描述定义。这也就是本书所要教授知识和技能的目标。

2.4.2　程序设计的步骤和方法

1. 程序设计的一般步骤

程序设计一般按顺序可以分为分析问题、设计算法、编写程序、运行程序并分析结果、编写程序文档5个步骤。这些步骤的具体内容为：

（1）分析问题。对于接受的任务进行认真分析，研究所给定的条件，分析最后应达到的目标，找出解决问题的规律，选择解题的方法。

（2）设计算法。设计出解题的方法和具体步骤。

（3）编写程序。将算法翻译成计算机程序设计语言，对源程序进行编辑、编译和连接。

（4）运行程序并分析结果。运行可执行程序，得到运行结果。然而，能得到运行结果并不意味程序正确，我们要分析运行结果是否合理。如果结果不合理，就要对程序进行调试，即通过上机发现和排除程序中的故障的过程。

（5）编写程序文档。许多程序是提供给别人使用的，与正式的产品应当提供产品说明书一样，正式提供给用户使用的程序也必须向用户提供程序说明书，即程序文档，其内容应包括：程序名称、程序功能、运行环境、程序的装入和启动、需要输入的数据，以及使用注意事项等。

根据实际情况，程序设计的有些步骤可以省略。

2. 程序设计方法

常见的程序设计方法有结构化程序设计和面向对象程序设计。

1）结构化程序设计

结构化程序设计又称为面向过程的程序设计，由迪克斯特拉（E. W. Dijkstra）在1969年提出，它以模块化设计为中心，将待开发的软件系统划分为若干个相互独立的模块，使完成每一个模块的工作变得单纯而明确，为设计一些较大的软件打下了良好的基础。在结构化程序设计中，问题被看作一系列需要完成的任务，函数（在此泛指例程、函数、过程）用于完成这些任务，解决问题的焦点集中于函数。其中，函数是面向过程的，即它关注如何根据规定的条件完成指定的任务。结构化程序的任意基本结构都具有唯一入口和唯一出口，并且程序不会出现死循环。

2）面向对象程序设计

1967年，挪威科学家Kisten Nygaard和Ole – Johan Dahl发布了Simula 67语言。Simula 67语言提供了比子程序更高一级的抽象和封装，引入了数据抽象和类的概念，它被认为是第一个面向对象的程序语言。"对象"和"对象的属性"的概念可以追溯到20世纪50年代初，它们首先出现在关于人工智能的早期著作中。但直到出现面向对象语言之后，面向对象思想才得到迅速的发展。汇编语言出现后，程序员就避免了直接使用"0""1"，而是利用符号来表示机器指令，从而能更方便地编写程序；随着程序规模的扩大，出现了Fortran、C、Pascal等高级语言，这些高级语言使得编写复杂的程序变得容易，程序员可以更好地对付日益增加的复杂性。面向对象程序设计以对象为基础，利用特定的软件工具直接完成从对象客体的描述到软件结构的转换。这是面向对象设计方法最主要的特点和成就。面向对象设计方法的应用，解决了在传统结构化开发方法中客观世界描述工具与软件结构不一致的问题，缩短了开发周期，简化了从分析和设计到软件模块结构之间多次转换映射的繁杂过程，是一种很有发展前景的系统开发方法。

2.4.3　程序设计的基本要求

计算机程序应该满足一些基本要求，否则就是"不好的"程序，会造成资源或时间的浪费，甚至导致毁灭性的问题出现。

这些基本要求有：

（1）有穷性。程序必须能在执行有限个步骤后终止。

（2）确定性。程序的每一步骤都必须有确切的定义。

（3）输入项。一个程序应该有 0 个或多个输入，以刻画运算对象的初始情况，所谓 0 个输入是指程序本身已经定出了初始条件。

（4）输出项。一个程序应该有一个或多个输出，以反映对输入数据加工后的结果。没有输出的算法是毫无意义的。

（5）可行性。程序中执行的任何计算步骤应该都可以被分解为基本的可执行的操作步，即每个计算步都可以在有限时间内完成（也称之为有效性）。

2.5　程序算法概述

做任何事情都有一定的步骤。算法是对解题方案的准确而完整的描述，是解决问题的一系列清晰指令。算法代表用系统的方法描述解决问题的策略机制，也就是说，能够对一定规范的输入，在有限时间内获得所要求的输出。如果算法 A 有缺陷，或不适合于解决问题 B，那么执行算法 A 将不会解决问题 B。

算法和程序都是用来表达解决问题的逻辑步骤，算法是对解决问题方法的具体描述，程序是算法在计算机中的具体实现。因此，程序是算法，但算法不一定是程序。

2.5.1　数据结构和算法概述

一个程序应包括两部分：数据结构、算法。

1. 数据结构

数据结构（这里泛指为对数据的描述）通常包含数据、数据类型、数据之间的关系（数据结构），在程序中主要指数据的类型和组织形式，这类数据结构相对简单。较复杂的数据结构包括：

（1）集合。数据结构中的元素之间除了"同属一个集合"的相互关系以外，别无其他关系。

（2）线性。数据结构中的元素存在一对一的相互关系。

（3）树形结构。数据结构中的元素存在一对多的相互关系。

（4）图形结构。数据结构中的元素存在多对多的相互关系。

2. 算法

算法，是对操作的描述，即操作步骤。

【例2-4】　草莓奶昔的制作流程。

步骤1：将牛奶倒入搅拌器。

步骤2：掺一些草莓汁。

步骤3：盖上搅拌器盖子。

步骤4：打开开关。

步骤5：待完全混合后，停止搅拌。

步骤6：将搅拌而成的糊倒入碗中，放入冰箱。

在例2-4中，牛奶及其容器、草莓汁及其容器、搅拌机容器就是制作草莓奶昔所对应的数据结构。将牛奶、草莓汁制作成草莓奶昔的操作过程（步骤）就是算法。

2.5.2　算法分析

1. 算法设计的要求

在算法设计中，对同一个问题可以设计出求解它的不同算法，如何评价这些算法的优劣？通常，从以下5个方面评价算法的质量：

（1）正确性。算法应能正确地实现预定的功能和处理要求。

（2）易读性。算法应易于阅读和理解，便于调试、修改和扩充。

（3）健壮性。正确的输入能得到正确的输出。当遇到非法输入时，应能进行适当的反应和处理，而不会产生不需要或不正确的结果。

（4）高效性。解决同一问题的执行时间越短，算法的时间效率就越高。

（5）低存储量。解决同一问题占用的存储空间越少，算法的空间效率就越高。

2. 影响算法运行时间的因素

影响算法运行时间的因素有以下几点：

（1）计算机硬件。

（2）实现算法的语言。

（3）编译生成的目标代码的质量。

（4）问题的规模（执行次数，也称为频率）。

3. 算法案例

【例2-5】　求输入的两数之和。

算法可以表示如下：

步骤 1：输入第 1 个数。

步骤 2：输入第 2 个数。

步骤 3：第 1 个数加上第 2 个数。

步骤 4：输出结果。

【例 2 - 6】 求 $1 \times 2 \times 3 \times 4 \times 5$ 的结果。

算法可以表示如下：

步骤 1：先求 1×2，得到结果 2。

步骤 2：将步骤 1 得到的乘积结果乘以 3，得到结果 6。

步骤 3：将 6 乘以 4，得到结果 24。

步骤 4：将 24 乘以 5，得到结果 120。

2.6 算法流程图

2.6.1 表示算法的方式

1. 用自然语言表示算法

除了很简单的问题以外，一般不用自然语言表示算法。

2. 用流程图表示算法

使用流程图来表示算法，直观形象，易于理解。流程图符号如图 2 - 2 所示。

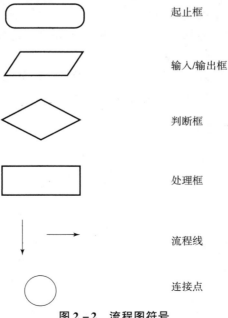

起止框

输入/输出框

判断框

处理框

流程线

连接点

图 2 - 2　流程图符号

3. 用伪代码表示算法

使用介于自然语言和计算机语言之间的文字和符号来描述算法。

4. 用计算机语言表示算法

使用计算机语言表示算法必须严格遵循所用语言的语法规则。

2.6.2　顺序型程序结构

顺序型程序结构的程序设计是最简单的，只要按照解决问题的顺序写出相应的语句即可，它的执行顺序是自上而下、依次执行，如图2–3所示。

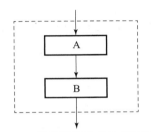

图2–3　顺序型程序结构流程示意

【例2–7】　设计去银行柜台取款的流程。
流程示意如图2–4所示。

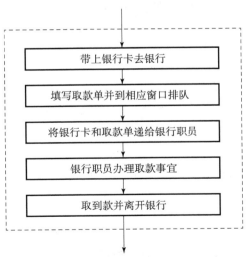

图2–4　去银行柜台取款的流程示意

2.6.3　选择型程序结构

选择型程序结构用于判断给定的条件，先根据判断的结果来判断某些条件，再根据判断的结果来控制程序的流程。

1. 单分支选择型程序结构

如图 2-5 所示，若 P 判断成立，则执行 A 处理，处理完毕再进行下一步操作；若不成立，则直接继续后续操作。

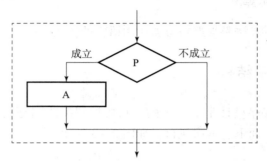

图 2-5　单分支选择型程序结构流程示意

【例 2-8】　判断任意一个数是否是正数，如果是，就输出这个数。

流程示意如图 2-6 所示。

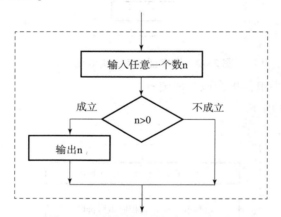

图 2-6　判断是否是正数流程示意

2. 双分支选择型程序结构

如图 2-7 所示，若 P 判断成立，则执行 A 处理；若不成立，则执行 B 处理。不论进行了哪一种处理，都继续后续操作。

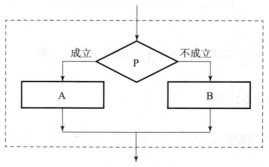

图 2-7　双分支选择型程序结构流程示意

【例 2 – 9】 比较两个数中哪一个数更大，输出更大的那个数。

流程示意如图 2 – 8 所示。

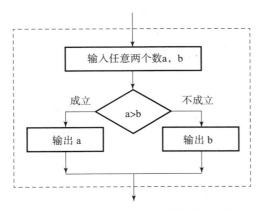

图 2 – 8 比较并输出更大的数流程示意

2.6.4 循环型程序结构

循环型程序结构可以减少源程序重复书写的工作量，用于描述需要重复执行某段算法的问题，这是程序设计中最能发挥计算机特长的程序结构。循环型程序结构可以看成一个条件判断语句和一个向回转向语句的组合。

1. 当型循环程序结构

如图 2 – 9 所示，当判断 P1 成立时，执行 A 处理，处理完毕后又一次进行 P1 判断，如此反复；当判断 P1 不成立时，跳出循环，继续后续操作。

2. 直到型循环程序结构

如图 2 – 10 所示，先执行 A 处理，再判断 P2 是否成立，如果成立则跳转回 A 处理，再次判断，如此反复，直到判断 P2 不成立时，就跳出循环，继续后续操作。

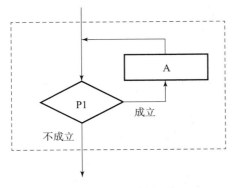

图 2 – 9 当型循环程序结构流程示意

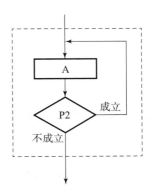

图 2 – 10 直到型循环程序结构流程示意

【例 2 – 10】 输出 10 遍"你好"。

流程示意如图 2 – 11 所示。

【例 2 – 11】 在银行取款机输入密码时，如果正确输入"123"就进入主界面，如果输入错误就返回输入密码界面。

流程示意如图 2 – 12 所示。

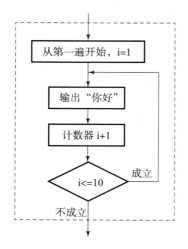

图 2 – 11 输出 10 遍"你好"流程示意

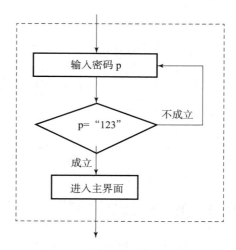

图 2 – 12 案例流程示意

程序设计看似结构简单，对问题的处理方法仅有顺序型、选择型、循环型，但是生活中的各种从简单到复杂的问题却都可以使用这三种结构通过合适的组合、嵌套来进行设计，从而解决各种各样的问题。

本章小结

本章简单阐述了面向对象的概念，特别是 Java 作为面向对象高级语言所展现出来的程序结构，包括 class、package，以及现代 Java 程序设计所基于的项目化（project）程序文件的管理结构，还引入了本书的主要内容——程序设计方法和算法的概念。

复 习 题

1. Java 的程序指令必须以_____作为结束标志，同时放在_____中来定义，否则就有悖于面向对象程序语言的特性。以下选项中正确的是_____。

A. "，" 方法内　　　　　　　　　　B. "，" 方法外

C. "；" 方法内　　　　　　　　　　D. "；" 方法外

2. Java 语言中类和源程序文件之间的关系是_____。

A. 类是程序的逻辑结构，源程序文件是类定义的物理载体

B. 源程序文件是逻辑结构，类是源程序文件的物理载体

C. 类必须定义在源程序文件中，源程序文件中也必须拥有类定义

D. 没有关系

3. Java 文件的三层管理结构从外到内分别是_____、_____、_____。

A. 文件　包　项目　　　　　　B. 项目　文件　包

C. 项目　包　文件　　　　　　D. 包　项目　文件

4. 以下类的声明中，源程序文件正确的名称和存放路径是_____。

package edu. learn;

class HelloJava{ }

A. 项目文件夹\HelloJava. java

B. 项目文件夹\src\HelloJava. java

C. 项目文件夹\src\edulearn\HelloJava. java

D. 项目文件夹\src\edu\learn\HelloJava. java

5. 在源程序文件中定义一个拥有包的类，需要在源程序文件的_____的位置，用_____关键字声明该类所属的包。

A. 第一行　import　　　　　　B. 第一行　package

C. 任意位置　import　　　　　D. 任意位置　package

6. 程序设计的基本要求除了包含输入和输出外，还包括_____。

A. 有穷性、正确性、可行性　　B. 有穷性、正确性、确定性

C. 有穷性、确定性、可行性　　D. 正确性、确定性、可行性

7. 如果将与计算机软、硬件相关的因素确定下来，那么一个特定算法的运行工作量就只依赖_____。

A. 计算机硬件　　　　　　　　B. 实现算法的语言

C. 问题的规模　　　　　　　　D. 编译生成的目标代码的质量

8. 评价一个算法的时间性能的主要标准是_____。

A. 算法易于调试　　　　　　　B. 算法易于理解

C. 算法的稳定性和正确性　　　D. 算法的时间复杂度

9. 在下列图形中，哪一种表示判断？_____

A. ⬭　　　　　　　　　　　　B. ▱

C. ◇　　　　　　　　　　　　D. ▭

10. 程序设计的三大基本结构不包括_____。

A. 判断型程序结构　　　　　　B. 顺序型程序结构

C. 跳转型程序结构　　　　　　D. 循环型程序结构

第3章

数据类型和变量

<<<<<

知识要点

✓ 程序中数据的类型
✓ 常量与变量
✓ Java 语言的基本数据类型和引用数据类型
✓ Java 语言中输入与输出的使用说明

问题引入

计算机使用内存来存储进行运算时使用的数据。内存是物理设备,怎样存储数据呢? 如果把内存当成一家豪华旅馆,那么要存储的数据就好比要住宿的客人。试想一下你去旅馆住宿的场景。首先,旅馆的服务人员会根据你的需要为你安排合适的房间;然后,你就可以入住了。"先开房间,后入住"就描述了数据存入内存的过程。首先,根据数据的类型为它在内存中分配一块大小合适的空间(即安排合适的房间);然后,将数据放进这块空间(即入住)。

3.1 数据类型

Java 语言支持的数据类型可以分为基本数据类型和引用数据类型,如图 3 - 1 所示。

3.1.1 基本数据类型

基本数据类型可以被认为在计算机中描述最基础数据的值的类型,如描述重量、长度、分数的值的类型。基本数据类型分为数值型、字符型(char)和布尔型(boolean)。数值型分为整型和浮点型。整型包括字节整型(byte)、短整型(short)、整型(int)、长整型

（long），浮点型包括单精度浮点型（float）和双精度浮点型（double）。

 注意

实际上，字符型也是一种整型，大家可以查看 ASCII 码表。

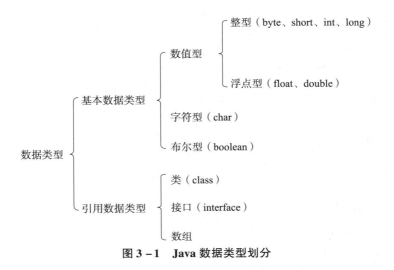

图 3-1 Java 数据类型划分

3.1.2 引用数据类型

所谓引用数据类型，就是对一个对象的引用，对象分为实例和数组。引用数据类型可以被理解为由多个值构成的复杂类型，如学生、时间、订单。引用数据类型包括类、接口和数组类型，还有一种特殊的 null 类型。

3.2 Java 的基本数据类型

表 3-1 列举了 Java 基本数据类型的大小/格式、描述和数值范围。

表 3-1 Java 基本数据类型

类型	大小/格式	描　　述	数值范围
byte	1 个字节	字节整型，存储以字节为单位的数据，在读取文件和网络上的数据时使用	-128（-2^7）~127（2^7-1）
short	2 个字节	短整型，用于存储小范围数据，如员工编号	-32768（-2^{15}）~32767（$2^{15}-1$）
int	4 个字节	整型，用于存储较大的数字，如某企业的现金流	-2147483648（-2^{31}）~ 2147483647（$2^{31}-1$）

Java程序语言基础

续表

类型	大小/格式	描　　述	数值范围
long	8 个字节	长整型，用于存储海量数据，如银行 10 年的所有交易次数	-9223372036854775808（-2^{63}）~ 9223372036854775807（$2^{63}-1$）
float	4 个字节	单精度浮点型，用于存储带有小数的数字，如产品的价格，其有效小数位数为 7 位	$-3.403E38$ ~ $3.403E38$[①]
double	8 个字节	双精度浮点型，用于存储带有小数的大型数值，如国家一年的 GDP 生产总值，其有效小数位数为 15 位	$-1.798E308$ ~ $1.798E308$
char	2 个字节	字符类型，用于存储英文字母、特殊字符或一个汉字，如"a""\n""&""好"等	—
boolean	1 个二进制位	布尔类型，用于存储 true 和 false 两种状态	—

注：①采用科学记数法，3.403E38 即 3.403×10^{38}，下同。

3.2.1　整型数据及类型

通常所说的整型指的是 byte、short、int 和 long。

int 是最常用的整型，因此在通常情况下，一个整数值默认为 int 类型，有如下两种情形例外：

（1）如果直接将一个较小的整数值（在 byte 或 short 类型的数值范围内）赋给一个 byte 或 short 的存储区，系统就会自动把这个整数值当成 byte 或 short 类型来处理。

（2）即使一个整数值超出了 int 类型的数值范围，系统也不会自动把这个整数值当成 long 类型来处理。如果希望系统把一个整数值当成 long 类型来处理，就在这个整数值后增加 l（小写字母）或 L（大写字母）作为后缀。为了避免英文字母 l 与数字 1 混淆，推荐使用 L。

Java 语言的整型数据有以下 4 种表示形式：

➤ 十进制整数。例如，12、-314、0。
➤ 二进制，要求以 0b 或 0B 开头。例如，0b1101。
➤ 八进制整数，要求以 0 开头。例如，012。
➤ 十六进制数，要求以 0x 或 0X 开头。例如，0x12。

3.2.2　浮点型数据及类型

Java 语言的浮点型数据有以下两种表示形式：

（1）十进制数形式，必须含有小数点。例如，3.14、314.0、0.314。

（2）科学记数法形式。例如，3.14e2、3.14E2、314E2。

Java 浮点型的数据默认为 double 型，如果要声明一个数据为 float 型，就在数字后面加 f 或 F。例如，3.14（double 型），3.14f（float 型）。

3.2.3　字符型数据及类型

字符型数据用来表示通常意义上的单个"字符"，在使用时，应在字符前后加上单引号。例如，'A''我''?''\t'。

Java 字符采用 Unicode 编码，每个字符占两个字节，因而可以使用十六进制编码的形式来表示，由于 Unicode 支持世界上所有书面语言的字符（包括中文字符），因此 Java 程序支持各种语言的字符。字符型的数据完全可以参与加、减、乘、除等数学运算，也可以比较大小（即使用该字符所对应的编码参与运算）。例如，'B' > 'A'；'A' + 4 得到结果 69，因为 'A' 在内存中是使用对应 ASCII 码值进行存储的，而 'A' 的 ASCII 码值为 65，因此在加 4 后得到结果 69。

字符型数据还包含一种特色字符，即转义字符。转义字符就是在字符前面加上反斜杠"\"来表示常见的那些不显示的字符，如空格、换行、制表符等。Java 字符中常用的各类转义字符及其对应的意义如表 3-2 所示。

表 3-2　Java 字符中常用的各类转义字符及其对应的意义

转义字符	意　义	ASCII 码值（十进制）
\f	换页（FF），将当前位置移到下页开头	012
\n	换行（LF），将当前位置移到下一行开头	010
\r	回车（CR），将当前位置移到本行开头	013
\t	水平制表（HT）（跳到下一个 TAB 位置）	009
\v	垂直制表（VT）	011
\\	代表一个反斜线字符(\)	092
\'	代表一个单引号(')字符	039
\"	代表一个双引号字符(")	034
\0	空字符（NULL）	000
\ddd	1~3 位八进制数 ddd 所代表的字符	三位八进制[①]
\?	代表问号	063

注：①三位八进制数对应的 ASCII 码字符见附录。

 注意

应区分斜杠"/"与反斜杠"\"，此处不可互换。

3.2.4 布尔型数据及类型

布尔型（boolean）数据适用于数学中的逻辑运算，一般用于程序流程控制 if、while、do、for 语句和三目运算符（？:)，布尔型数据只有两个值，即 true 和 false。虽然只有两个值，但是布尔型数据在程序语言中的用途却相当广泛、实用。例如，学生是否通过一门考试，通过为 true，不通过为 false；再如图书的借阅状态，未借出为 true，已借出为 false。布尔型数据与其他类型数据不同，它不能与其他基本数据类型进行相互转换和运算。

3.3 常量和变量

3.3.1 常量

常量的广义概念是不可改变的量，在程序中指那些一经定义，程序就不能对其进行修改的量。例如，在计算圆面积时所用的圆周率 3.14，在计算飞机飞行速度时使用的音速 340m/s，在计算地球与其他星球距离时使用的光速 300 000km/s，在生活中计算个税、养老保险、医疗保险时的起始金额及其税点，这些数字在很长一段时间内都必须是固定不变的，且保持一致的，因此应把它们都作为"常量"来定义。

常量在程序语言中有两种体现形式。

一种是作为具体数值本身。例如，数字 "20" "1.25"，字符 "t" "\n" "你"，字符序列 "java" "计算机科学与技术"，或者代表 "真" 与 "假" 数值的 true 和 false，由于它们的作用仅是代表一个具体的 "值"，而 "值" 是用于作为某个内容的标记，所以是固定的，因此程序中把它们归为 "常量"。

另一种方式是直接将某一个内存存储区域定义为常量，该常量的定义方法与变量的定义方法相似，具体请看 3.3.2 小节。

3.3.2 变量

计算机的基本用途就是运算，数据在经过运算后必然会导致数据的数值发生变化。从上一小节内容可知，程序中的数值作为常量是不能改变的，能改变的只有用于存储数值的内存单元中的值，正如我们不能把一张 100 元面值的钱改变为面值 10 元，但是可以把钱包里装的钱的数额从 100 元中拿走 90 元从而变为 10 元。因此，程序中要进行数据运算和修改就必须定义一个存储空间，即变量，用于装载数据，从而进行修改操作。我们可以把变量想象成杯子，它是一种容器，这种容器可以承装某些事物，有不同大小，每种大小都有名称，如"小杯" "中杯" "大杯" 等。在 Java 语言中，这种容器就是变量，因此 Java 的基本数据类型也有不同的大小和名称。在 Java 中声明变量时，必须指定变量的类型。所以，变量就是用来存储数据的，并可以随时根据需要将变量中数据的数值增加或减少。

那么数据是怎样通过变量来进行存储和使用的？步骤如下：

（1）根据数据的类型在内存中分配一个合适的"房间"，并给它起名，即"变量名"。

（2）将数据存储到这个"房间"中。

（3）从"房间"中取出数据使用（可以通过变量名来获得）。

下面，使用 Java 语言来真正实现这一过程。

【例 3-1】　Java 语言变量的使用。

代码如下：

```
//Java 语言变量的使用示例1:
public classVariableUse{
    public static void main(String[] args){
        int room301 =1;        //变量名为 room301,它的值是1
        //可以在控制台上通过变量名输出变量的值
        System.out .println("房间 301 能住" + room301 + "人");
    }
}
```

输出结果为：

房间 301 能住 1 人

在例 3-1 中，关键代码虽然只有两行，但展示了如何定义和使用变量，任何复杂的程序都由此构成。下面来进行分析。

（1）声明变量，即根据数据类型在内存中申请一块空间。在这里，我们需要给变量命名。

语法：

数据类型 变量名；

其中，数据类型可以是 Java 定义的任意一种数据类型。

例如，要存储考试的成绩、学生姓名、学生性别，可以如下定义数据类型的变量。

```
double score;    //声明双精度浮点型变量 score 存储分数
String name;     //声明字符串型变量 name 存储学生姓名
char sex;        //声明字符型变量 sex 存储性别
```

（2）给变量赋值，即"将数据存储至对应的内存空间"。

语法：

变量名 =值；

例如，给成绩变量赋值 98.5，给学生姓名变量赋值"张三"，给性别变量赋值"男"，使用如下对变量的赋值语句。

```
score =98.5;    //存储 98.5
name ="张三";   //存储"张三"
sex ='男';       //存储"男"
```

这样分解步骤有些烦琐，我们也可以将步骤（1）和（2）合二为一，如示例 3-1，在声明一个变量时同时给变量赋值。

语法：

数据类型 变量名 = 值；

例如：

```
double score = 98.5;
String name = "张三";
char sex = '男';
```

也可以如下所示：

语法：

变量类型 变量名〔 = 值〕〔,变量名 2〕〔 = 值〕； //〔 〕表示可以省略

例如，

```
int age1 = 19, age2 = 20, age3 = 21;
```

或者：

```
int age4 = 90 + 25;
int age5 = age1 + age2 + age3;
```

（3）调用变量，即使用存储的变量，也称为变量调用。

例如，把上面三个变量的值输出

```
System.out.println(score);   //从控制台输出变量 score 存储的值
System.out.println(name);   //从控制台输出变量 name 存储的值
System.out.println(sex);    //从控制台输出变量 sex 存储的值
```

可见，使用声明的变量名就是在使用变量对应的内存空间中存储的数据。需要记住：变量都必须声明和赋值后才能使用。

因此，要想使用一个变量，变量的声明和赋值必不可少！

（4）变量使用 final 关键字改变为常量。

变量作为存储数据的内存空间，变量中的值是可以被程序改变的。但是，如果在变量定义前加上关键字 final（最终的），则变量的值只能被初始化一次，之后该变量的值将不可被改变，此时变量就被定义为常量了。该类型常量定义语法结构如下：

final 数据类型 常量名 = 固定值；

例如：

```
final double PI = 3.14159265358979323846
```

此时，PI 就成为一个常量，PI 的值一经赋值就永远不可改变。如果之后程序再对 PI 进行赋值，则编译器报错。例如：

```
PI = 3.14;   //错误
```

在定义非数值型的常量时，常量名应按照规范要求全部使用大写。

3.3.3　基本数据类型变量和值之间的类型转换

在 Java 程序中，不同基本类型的值经常需要相互转换。Java 语言所提供的 7 种数值类型可以相互转换（布尔型除外），有两种类型转换方式：自动类型转换和强制类型转换。

1. 自动类型转换

当小类型（源类型）赋值给大类型（目标类型）时，Java 实现数据类型的自动转换，例如，

```
float f = 197.58f;
double d = f;   //自动转换
```

自动类型转换规则：

规则 1：如果一个操作数为 double 型，则整个表达式可以提升为 double 型。

例如，

```
int a = 10;
char c = 'a';
double d = a + c + 32.5;
```

规则 2：两种类型互相兼容，且目标类型大于源类型。

例如，数值类型（整型和浮点型）互相兼容；double 型大于 int 型。

2. 强制类型转换

当大类型赋值给小类型时，由于有可能出现数据溢出，所以必须由程序员给出转换方式，方法为：

目标类型　变量名 =（目标类型）元类型变量/数据

例如，

```
double d = 291007.5825;
float f = (float)d;   //强制转换
```

3.3.4　Java 标识符定义规则

Java 语言的标识符就是用于给程序中的变量、类、方法命名的符号。Java 语言的标识符必须以字母、下划线（_）、美元符号（$）开头，后面可以是任意数目的字母、数字、下划线（_）和美元符号（$）。此处的字母并不局限于 26 个英文字母，可以包含中文字符、日文字符等。

在 Java 语言中，有一些被定义为特定意义或操作的字符串，这些字符串称为关键字或保留字。所有 Java 关键字都采用小写字母，如表 3 - 3 所示。

表 3 – 3　Java 的关键字

abstract	boolean	break	byte	case
catch	char	class	continue	default
do	double	else	extends	false
final	finally	float	for	if
implements	import	instanceof	int	interface
long	native	new	null	package
private	protected	public	return	short
static	super	switch	synchronized	this
throw	throws	transient	true	try
void	volatile	while		

在使用标识符时，需要注意如下规则：

（1）标识符可以由字母、数字、下划线（_）和美元符号（$）组成。其中，数字不能用于开头。

（2）标识符不能是 Java 关键字或保留字，但可以包含关键字和保留字。

（3）标识符不能包含空格。

（4）标识符只能包含美元符号（$），不能包含@、#等其他特殊字符。

3.3.5　Java 标识的命名规则

旅馆可以为房间以编号命名（如"301""506"等），也可以用一些有趣的名字命名（如"温暖小屋""随心小憩"等）。但在给变量命名时，为了避免一些歧义（如"3x""5 – 2""9 < 16 + 3"等），就要对变量命名进行约束，使其符合标识符定义规则。这些规则包括：

（1）变量名的首字母必须为字母、下划线（_）或美元符号（$）。例如，"name""_name"" $ name"等。

（2）除了首字母外，变量名还可以包括数字，但不允许有空格。

（3）除了下划线（_）或美元符号（$）以外，变量名不能包含任何特殊字符。例如，"a + b""my score""% age%"都是非法的变量名。

（4）不能使用 Java 语言的关键字以及保留字。例如，int、class、public 等关键字，if、else、while 等保留字。由于 Java 语言区分大小写字母，而这些关键字和保留字都是小写字母，所以 Int、CLASS、iF 在规则上都是符合规范的，但是在命名时应该尽量避免。

变量名定义除了要满足以上 4 点规则以外，还有一些程序员默认遵守的规定。例如，变量名要简短且能清楚地表明变量的作用；通常第一个单词的首字母为小写，其后单词的首字母为大写。例如：

```
int ageOfStudent;   //学生年龄
StringstudentNo;   //学生学号
```

初学者常使用一些简单的字母（如 a、b、c 等）作为变量名称，虽然这样做并没有违规，但是当变量较多时，各个变量所代表的意思就难以分清了。所以，要尽量使用有意义的变量名，且最好使用简短的英文单词。

3.4　字符串引用数据类型 String 类

字符型 char 定义的变量只能存储一个字符，不能满足在生活中运用范围更广泛的字符序列（如学生姓名、图书书名、文章内容等）的存储和运算。因此，Java 语言在基本数据类型之外又提供了一种能存储字符序列的引用类型——String，该类型可以存储这类字符序列数据。

Java 语言在 java.lang 包中提供了 String 类来创建一个字符串变量。字符串变量是对象，在字符串的前后各放一个双引号，即为字符串的值。Java 语言还为之提供了一系列方法来操作字符串对象。String 类是不可变类，即一个 String 对象一旦被创建，包含在这个对象中的字符序列就不可改变。

1. String 字符串的创建

创建 String 字符串的最简单方式是使用字符串文本。例如，

```
//用一对双引号括起来一串字符即为字符串的值
String  astring1 = "This is a string.";
String  astring2 = astring1;
String  astring3 = String ("java");
```

2. String 类常用的方法

（1）连接字符串。当需要将多个字符串连接在一起时，可以使用"＋"来完成。例如，

```
String s1 = "这个苹果" + "很好吃";
String s2 = "小红说:" + s1;
String s3 = s1 + s2;
```

（2）计算字符串的长度。当需要计算字符串的长度时，使用 length( ) 就可以返回字符串中的 16 位的 Unicode 字符的数量。例如，

```
String str = "Java";
int len = str.length();   //len 的值为 4
```

（3）比较字符串。当需要比较字符串时，使用 equals(String str) 就可以比较当前字符串对象的值与参数指定的字符串的值是否相同，如果完全相同就返回 true，否则，返回 false。例如，

```
String tom = "we are students";
String boy = "We are students";
String jerry = "we are students";
//tom.equals(boy)的值是false,tom.equals(jerry)的值是true
```

又如,

```
String str = "Java";
if("Java".equals(str)){
    //如果比较的结果是true,控制台就会输出:两个字符串相等
    System.out.println("两个字符串相等");
}
```

3.5 Java 语言中变量的输入和输出

编程人员在运行程序时,要与程序进行交互,这就需要面向标准输入设备和标准输出设备来进行输入和输出的交互。现阶段,标准输入设备默认为键盘,标准输出设备默认为显示器。

System 类是 Java 语言中一个功能强大、非常有用的类,是属于 java. lang 包的一个 final 类。其中,System. out 类是标准输出类,默认指显示器,用于程序输出,向用户显示信息。

Java 中常用的输出语句有以下 3 种:

```
System.out.print();
System.out.println();
System.out.printf();
```

Java 5 新增了 java. util. Scanner 类。使用该类创建一个对象后,就可以很方便地通过控制台来获取键盘输入的内容。要想使用 Scanner 类,需要构造一个 Scanner 对象,并与标准输入流（System. in）相关联。例如,

```
Scanner scan = Scanner(System.in);
```

3.5.1 输入/输出举例

本节通过代码来说明 Java 语言中变量的输入和输出,例 3-2 说明了 Java 语言中基于 String 类的输入和输出。

【例 3-2】 Java 程序输入/输出示例。

代码如下:

```
import java.util.Scanner;
public class InputOutputCase {  //输入/输出示例
    public static void main(String[] args) {
        //创建输入类对象scan
        Scanner scan = Scanner(System.in);
        //在控制台上输出:请输入一句话
        System.out.println("请输入一句话:");
        //通过scan对象接收了控制台输入的一句话并赋值给str字符串变量
        String str = scan.nextLine();
        //在控制台上输出了刚才输入的那句话的值
        System.out.println("str = " + str);
    }
}
```

运行后的结果为:

请输入一句话:
你好,Java
str =你好,Java

3.5.2 print( )/println( )方法输出数据

System. out. print( )是常用的输出语句,它会把括号里的内容转换成字符串输出到输出窗口(控制台),输出后不换行。如果输出的是基本数据类型,就自动转换成字符串;如果输出的是一个对象,就自动调用对象的toString( )的方法,将返回值输出到控制台。

System. out. println( )也是常用的输出语句,它会把括号里的内容转换成字符串输出到输出窗口(控制台),输出会自动换行。如果输出的是基本数据类型,就自动转换成字符串;如果输出的是一个对象,就自动调用对象的toString( )的方法,将返回值输出到控制台。

(1)不同类型变量、常量、表达式的输出语句如下:

System. out. print(数值常量);

System. out. println(数值常量);

System. out. print("字符串常量");

System. out. println("字符串常量");

System. out. print(布尔常量);

System. out. println(布尔常量);

(2)计算数值的和,再输出。语句如下:

System. out. print(数值常量|变量+数值常量|变量);

System. out. println(数值常量|变量+数值常量|变量);

(3)将数值转变成字符串后进行字符串连接,再输出。语句如下:

System. out. print(字符串常量|变量+数值常量|变量);

System. out. println（字符串常量 | 变量 + 数值常量 | 变量）；

（4）先将表达式结果转换为字符串，再进行字符串连接，最后输出。语句如下：

System. out. print（字符串常量 | 变量 + 表达式）；

System. out. println（字符串常量 | 变量 + 表达式）；

【例3-3】 常见的各种数据组合的Java输出语句。

代码如下：

```java
public class OutputCase{ //输出的示例
    public static void main(String[] args) {
        int a = 10;
        char c = '男';
        String str1 = "你好,Java",str2 = "我们在学习变量的输出";
        boolean b1 = true,b2 = false;
    //不会换行,后面接下一句的输出语句
        System.out.print("a = " + a);
        System.out.println("c = " + c); //会自动换行
    //不会换行,后面接下一句的输出语句
        System.out.print("str1 = " + str1);
        System.out.println("str2 = " + str2); //会自动换行
    //不会换行,后面接下一句的输出语句
        System.out.print("b1 = " + b1);
        System.out.println("b2 = " + b2); //会自动换行
     //计算数值的和,再输出
    //不会换行,后面接下一句的输出语句
        System.out.print("a + c = " + (a + c));
        System.out.println("c + a = " + (c + a)); //会自动换行
        //将数值转变成字符串后进行字符串连接,再输出
        //不会换行,后面接下一句的输出语句
        System.out.print("str1 + a = " + str1 + a);
        System.out.println("str2 + c = " + str2 + c); //会自动换行
        }
}
```

运行后的结果为：

a = 10c = 男

str1 = 你好，Javastr2 = 我们在学习变量的输出

b1 = trueb2 = false

a + c = 30017c + a = 30017

str1 + a = 你好，Java10str2 + c = 我们在学习变量的输出男

3. 5. 3　printf（ ）方法输出

使用 System. out. print(x)，可以将数值 x 输出到控制台。这条执行语句将以 x 对应的数

据类型所允许的最大非 0 数字输出。例如，

```
double x = 10000.0/3.0;
System.out.print(x);
```

控制台将会输出：3333.3333333333335

如果希望能控制输出的字符宽度和小数点精度，则有可能出现问题。

在早期的 Java 版本中，格式化数值曾引起过一些争议。庆幸的是，Java 5.0 沿用了 C 语言库函数中的 printf( ) 方法。例如，

```
System.out.printf("%8.2f",x);
```

在该示例中，可以用 8 个字符的宽度和小数点后两个字符的精度输出 x。也就是说，输出一个空格和 7 个字符（小数点也占 1 个字符），例如，3333.33。

在 printf( ) 中，可以使用多个参数。例如，

```
System.out.printf("Hello,%s.Next year,you'll be % d",name,age);
```

每一个以"%"字符开始的格式说明符都用相应的参数替换。格式说明符尾部的转换符指示被格式化的数值类型：f 表示浮点数，s 表示字符串，d 表示十进制整数。表 3 - 4 列出了 printf 转换符。

表 3 - 4　printf 转换符

转　换　符	说　　　明	示　　例
s	字符串类型	"Hello"
c	字符类型	'男'
b	布尔类型	true
d	整数类型（十进制）	99
x	整数类型（十六进制）	9f
o	整数类型（八进制）	237
f	浮点类型	99.99
a	十六进制浮点类型	0x1.fccdp3
e	指数浮点类型	9.38e + 5
g	通用浮点类型（f 和 e 类型中较短的）	—
h	散列码（十六进制）	42628b2
%	百分号	%
n	换行符	—
tx	日期与时间类型 （x 代表不同的日期与时间转换符）	—

printf 格式控制的完整格式为：

% - 0 m. n l 或 h 格式字符

1）%

这是格式说明的起始符号，不可缺少。

2）－

如果有－（减号），就表示左对齐输出；如果省略，则表示右对齐输出。

3）0

如果有0，就表示指定空位填0；如果省略，则表示指定空位不填。

4）m. n

m指域宽，即对应的输出项在输出设备上所占的字符数，可以应用于各种类型的数据转换，并且其行为方式都一样。n指精度，不是所有类型的数据都能使用精度，且应用于不同类型的数据通信转换时，精度的意义也不同。

5）l 或 h

l对于整型是指 long 型，对于浮点型是指 double 型。h用于将整型的格式字符修正为 short 型。

6）格式字符用以指定输出项的数据类型和输出格式

（1）d格式。d格式用来输出十进制整数。有以下几种用法：

①%d：按整型数据的实际长度输出。

②%md：m为指定的输出字段的宽度。如果数据的位数小于m，则左端补以空格；如果数据的位数大于m，则按实际位数输出。

③%ld：输出长整型数据。

（2）o格式。o格式以无符号八进制形式输出整数，对长整型可以用"%lo"格式输出，也可以指定字段宽度用"%mo"格式输出。

（3）x格式。x格式以无符号十六进制形式输出整数，对长整型可以用"%lx"格式输出，也可以指定字段宽度用"%mx"格式输出。

（4）u格式。u格式以无符号十进制形式输出整数，对长整型可以用"%lu"格式输出，也可以指定字段宽度用"%mu"格式输出。

（5）c格式。c格式输出一个字符。

（6）s格式。s格式用来输出一个字符串。有以下几种用法：

①%s：直接输出字符串。例如，printf（'%s'," CHINA"）将输出"CHINA"字符串（不包括双引号）。

②%ms：输出的字符串占m列。如果字符串的长度大于m，则突破获m的限制，将字符串全部输出。如果字符串的长度小于m，则左侧补空格。

③%－ms：如果字符串的长度小于m，则在m列范围内，字符串向左靠，右侧补空格。

④%m. ns：输出占m列，但只取字符串中的左端n个字符。这n个字符输出在m列的右侧，左侧补空格。如果n>m，则自动取n值，即保证n个字符正常输出。

⑤%－m. ns：m、n的含义同上，这n个字符输出在m列的左侧，右侧补空格。如果n>m，则自动取n值，即保证n个字符正常输出。

（7）f格式。f格式用来输出浮点数（包括单精度、双精度），以小数形式输出。有以下几种用法：

①%f：不指定宽度，整数部分全部输出，且输出6位小数。

②%m. nf：输出共占m列，其中有n位小数，如果数值宽度小于m，则左侧补空格。

③%－m. nf：输出共占m列，其中有n位小数，如果数值宽度小于m，则右侧补空格。

（8）e 格式。e 格式用于以指数形式输出实数。可用以下形式：

①%e：数字部分（又称尾数）输出 6 位小数，指数部分占 5 位或 4 位。

②% m. ne 和% – m. ne：m、n 和 "–" 的用法与上述相同。但是，此处的 n 表示数据的数字部分的小数位数，m 表示整个输出数据所占的宽度。

（9）g 格式。g 格式指自动选择 f 格式或 e 格式中较短的一种来输出，且不输出无意义的零。

关于 printf( ) 的进一步说明：

如果想输出字符 "%"，则在 "格式控制" 字符串中连续使用两个 "%"。例如，

```
printf('%f%%',1.0/3);
```

3.5.4 数据输入工具对象 Scanner

如果要将结果输出到 "标准输出流"（即控制台窗口），调用 System. out. print( )、System. out. println( )、System. out. printf( ) 其中之一即可。

然而，读取 "标准输入流" System. in 就没有那么简单了。要想通过控制台进行输入，需要先构造一个 Scanner 对象，并与 "标准输入流" System. in 关联。语法如下：

Scanner in = Scanner(System. in) ;

然后，就可以使用 Scanner 类的各种方法实现输入操作了。例如，用 nextLine( ) 方法输入一行，代码为

```
System.out.println("请输入你的名字:");
String name = in.nextLine();
```

在这里，使用 nextLine( ) 方法是因为在输入行中可能有空格。

如果要读取一个单词（以空格作为分隔符），就调用

```
String firstName = in.next();
```

如果要读取一个整数，就调用 nextInt( ) 方法。

```
System.out.println("请输入你的年龄:");
int age = in.nextInt();
```

与此类似，如果要读取一个浮点数，就调用 nextDouble( ) 方法。

```
System.out.println("请输入你的成绩:");
double score = in.nextDouble();
```

最后，在程序的开始添加如下代码：

```
import java.util.Scanner;
```

Scanner 类定义在 java. util 包中。当使用的类未被定义在基本的 java. lang 包时，一定要使用 import 关键字将相应的包加载。

【例 3 –4】 Scanner 类的多种类型数据的输入。

代码如下：

```java
import java.util.Scanner;
public class InputOutputCase {//输入输出的示例
    public static void main(String[] args) {
        //创建输入类对象scan
        Scanner scan = new Scanner(System.in);
        //在控制台上输出——请输入一句话
        System.out.println("请输入一句话:");
        //通过scan对象接收了控制台输入的一句话并赋值给str字符串变量
        String str = scan.nextLine();
        //在控制台上输出了你刚才输入的一句话的值
        System.out.println("str = " + str);
        System.out.println("请输入一个整数:");
        int i = scan.nextInt();
        System.out.println("i = " + i);
        System.out.println("请输入一个字节:");
        byte b = scan.nextByte();
        System.out.println("b = " + b);
        System.out.println("请输入一个短整数:");
        short s = scan.nextShort();
        System.out.println("s = " + s);
        System.out.println("请输入一个长整数:");
        long l = scan.nextLong();
        System.out.println("l = " + l);
        System.out.println("请输入一个双精度浮点数:");
        double d = scan.nextDouble();
        System.out.println("d = " + d);
    }
}
```

运行结果如下：

请输入一句话：

你好，Java

str = 你好，Java

请输入一个整数：

12

i = 12

请输入一个字节：

1

b = 1

请输入一个短整数：

123

s = 123

请输入一个长整数：

1234

l = 1234

请输入一个双精度浮点数：

12. 3456

d = 12. 3456

本章小结

　　Java 语言是一种强类型语言。强类型包含两方面含义：（1）所有变量必须先声明、后使用；（2）指定类型的变量只能接受类型与之匹配的值。强类型语言可以在编译过程中发现源程序的错误，从而保证程序更加健壮。

　　Java 语言提供了丰富的数据类型，主要分为基本数据类型和引用数据类型。基本数据类型大致可以分为数值型、字符型、布尔型。其中，数值型包括整型和浮点型，各数值类型之间可以进行类型转换，这种类型转换包括自动类型转换和强制类型转换。引用数据类型（类、接口、数组）就是对一个对象的引用。

复 习 题

1. 在下列选项中，_____是合法的标识符。

A. 12class

B. void

C. − 5

D. _blank

2. 在下列选项中，_____不是 Java 中的保留字。

A. if

B. sizeof

C. private

D. null

3. 在下列选项中，_____不属于 Java 语言的基本数据类型。

A. 整数型

B. 数组

C. 浮点型

D. 字符型

4. 在下列 Java 语句中，不正确的一项是_____。

A. $e, a, b = 10;

B. char c, d = 'b';

C. float e = 0. 0d;

D. double c = 0. 0f;

5. System. out. print(1 + 2 + "aa" + 3)的输出结果是_____。

A. "12aa3"

B. "3aa3"

C. "12aa"

D. "aa3"

6. 设有类型定义 "short i = 32；long j = 64"，下列赋值语句中不正确的选项是_____。

A. j = i;

B. i = j;

C. i = (short) j ;   D. j = (long) i ;

7. 在下列选项中，创建 Scanner 类对象 scan 用于从键盘读取数据的语句是_____。

A. Scanner scan = Scanner(System. in) ;

B. Scanner scan = Scanner(System. out) ;

C. Scanner scan = Scanner( ) ;

D. Scanner scan = scanner(System. in) ;

8. 若 scan 是一个 Scanner 类的对象，则读取一个整数赋值给已声明的 int 型变量 a 的语句是_____。

A. int a = scan. next( ) ;   B. int a = scan. nextLine( ) ;

C. int a = scan. nextInt( ) ;   D. a = scan. nextDouble( ) ;

9. 若 scan 是一个 Scanner 类的对象，则读取一整行字符串赋值给已声明的 String 型变量 s 的语句是_____。

A. String s = scan. next( ) ;   B. String s = scan. nextLine( ) ;

C. char s = scan. nextnext( ) ;   D. char s = scan. nextLine( ) ;

10. 在使用 Scanner 类之前，导入该类的语句为_____。

A. import java. lang. * ;   B. import java. util. Scanner ;

C. import java. io. * ;   D. 什么也不导入

第4章

运算符、表达式及顺序结构

＜＜＜＜＜＜

知识要点

- ✓ 了解运算符和表达式
- ✓ 赋值运算符
- ✓ 数据类型转换
- ✓ 算术运算符与表达式
- ✓ 自增、自减运算符
- ✓ 复合赋值运算符
- ✓ 程序的顺序结构设计方法
- ✓ 顺序结构对简单问题的设计与实现

问题引入

由于应用程序都会涉及对数据的计算处理，所以在程序中应将运算符和数据组成可以执行的表达式，以便计算出相应的结果。例如，当用户在 ATM 机取款时，程序需判断要提取的金额是否不超过账户余额。这就需要将要提取的金额、账户余额与运算符"＜="组成逻辑表达式，判断计算结果是真还是假。

4.1 运算符和表达式概述

程序的主要功能就是通过特别的算法解决特定的问题，因此运算是任何程序都必须具备的功能。表示各种不同运算的符号称为运算符。使用运算符对各种类型的数据进行加工的过程称为运算，参与运算的数据称为操作数。

按功能分类，运算符分为赋值运算符、算术运算符、关系运算符、布尔逻辑运算符等；按操作数分类，基本运算符可以分为一元运算符、二元运算符和三元运算符。

表达式是由操作数和运算符按一定语法形式组成的符号序列。例如，操作数"2""y""s"、运算符"*""+"可以组成表达式"2*y+5"，如图4-1所示。一个常量（或一个变量）是最简单的表达式，其值即该常量（或变量）的值。表达式的值还可以作为其他运算的操作数，形成更复杂的表达式。表达式的类型由运算以及参与运算的操作数的类型决定，既可以是简单类型，也可以是复合类型，如算术表达式、逻辑表达式等。

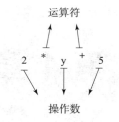

图4-1 操作数和运算符
组成表达式

4.2 赋值运算符及数据类型转换

4.2.1 赋值运算符

变量是存储数据的"容器"，把数据放到变量中存储的过程叫做赋值。

赋值运算符是二元运算符，在程序语言中使用"="来实现赋值操作，该运算符将运算符右侧的常量、变量或表达式赋值给运算符左侧的变量。通常格式是：

变量名 = 表达式

例如，将一个数据赋值给另一个变量的赋值语句为

```
int a；a = 5；
```

将一个数据赋值给多个变量的赋值语句为

```
int a，b；a = b = 5；
```

将一个变量赋值给另一变量的赋值语句为

```
int a = 5；int b；b = a；
```

使用赋值运算符时，应注意以下几点：

（1）赋值运算符的左侧只能是一个变量。

（2）赋值运算符的右侧可以是常量、变量或表达式。

（3）赋值运算符的右侧运算结果的类型必须与左侧变量类型一致，如果不一致，则将数据类型转换为一致后才能进行赋值。

以下赋值运算符的使用是错误的：

```
3 = 6；5 = a；a + b = 5；a + b = 5 + c；
int a；a = 3.14；
```

将同一个值赋给多个同类型变量称为多重赋值。例如，

```
int a，b；a = b = 5；
```

使用多重赋值，应先定义变量再赋值。例如，以下多重赋值是错误的：

```
int a = int b = 5;      int a; int b = a = 5;
```

4.2.2 赋值运算中的数据类型转换

基本数据类型转换常用的方法有自动转换和强制转换。

1. 自动转换

当待转数据类型的精度小于目标数据类型的精度时，Java 将自动进行转换。例如，

```
int a = 5; float b; b = a;
```

变量 a 的精度小于 b 的精度，Java 会先自动将 a 的数据类型转换为精度较高的浮点型，再赋值给浮点型变量 b。进行自动转换后，数据类型变量的值保持不变。

2. 强制转换

当待转数据类型的精度大于目标数据类型的精度时，程序员应对其进行强制转换。例如，

```
int a; float b = 3.14; a = (int)b;
```

变量 b 的精度大于 a 的精度，由于转换后可能导致精度降低，这时 Java 不能进行自动数据类型转换，需对其进行强制类型转换。强制类型转换的语法格式为：

(目标类型)变量;

例如，

```
int x; double y = 3.141526; x = (int)y;
```

变量进行数据类型强制转换后再赋值，所赋值可能丢失部分数据，导致数据精度降低。在刚才的例子中，变量 y 从 double 型转换为 int 型再赋值给 int 型变量 x 时，小数点后面的数据丢失，但原变量 y 的数据不变。

4.3 算术运算符及算术表达式

4.3.1 基本算术运算符及算术表达式

Java 语言的基本算术运算符包括：+ 、- 、* 、/ 、% 、++ 、-- 、=，以及各类复合赋值运算符。

基本算术运算符是二元运算符。算术运算符将运算符左右两侧的常量、变量或表达式进行加、减、乘、除、求余运算。用算术运算符和括号将操作数连接起来，并符合 Java 语法规则的式子，称为算术表达式。例如，

正确的算术表达式：a * b/c - 1.5 + 2

错误的算术表达式：a * b + -1.5

使用基本算术运算符时，应注意：

（1）基本算术运算符"+""-"的自然优先级小于"*""/""%"。在算术表达式中，如果要改变运算符的自然优先级，可以使用"()"。

例如，int a，b = 3；a = 5 + 3 * b；   变量a的结果为14。

int a，b = 3；a = (5 + 3) * b；   变量a的结果为24。

（2）如果除法运算符"/"的左右操作数都为整型，则运算结果为整型；如果要得到浮点型的结果，则左右操作数中至少有一个为浮点型。

例如，5/2的结果为2，5.0/2的结果为2.5；1/2的结果为0，1/2.0的结果为0.5。

（3）求余运算符"%"的左右操作数必须为整型。根据求余运算的结果是否为0，可以判断被除数是否能被除数整除。

例如，5%2的结果为1；6%2的结果为0。如果a%2的结果为0，则表明a为偶数；否则，a为奇数。

 说明

5.0%2.0是错误的，因为求余运算符两侧的操作数必须为整型。

（4）算术表达式要求消除二义性。例如，3a必须写为3 * a，以免计算机将3a看作一个非法的变量名定义。

【例4 – 1】 Java算术运算符的使用。

代码如下：

```
public class Exam1{
    public static void main(String[]args) {
        int a = 10;
        int i1,i2;
        double d1,d2,d3;

        i1 = a/3;
        d1 = (double)a/3;
        d2 = a/3.0;
        i2 = a%3;
//由于计算中的数值有小数类型,因此结果必须是小数的最大类型——double
        d3 = i1 + i2 + d1 + d2;
        System.out.println("i1 的值为:" + i1);
        System.out.println("d1 的值为:" + d1);
        System.out.println("d2 的值为:" + d2);
        System.out.println("i2 的值为:" + i2);
        System.out.println("d3 的值为:" + d3);
    }
}
```

经过运行后可以看出，i1 的值为 3，因为除法运算符的两侧都为整型，所以 i1 只保留除数；d1 和 d2 的值都为 3.3333…，因为除法运算符的一侧为小数，因此结果会保留小数；对 i2 取模，也就是求余数，结果为 1；d3 的值为 10.66667，它的运算体现了在整数和小数的运算时，整数会自动转换为小数的运算特点。

4.3.2 算数运算中的类型转换

在使用基本算术运算符，且一个运算符两侧的数据类型不同时，Java 先将类型进行自动转换，再进行运算。在自动转换时，Java 总是将表达式中精度较低的数据类型转换为精度较高的数据类型。例如，

```
int a; float b; double c;
a + b + c;   //a,b 将自动转换为 double 类型
```

如果需要得到特定类型的运算结果，也可以手动进行强制类型转换。例如，

```
a + (int)b + (int)c //强制转化 int
```

在进行强制类型转换时应注意：当精度高的数据类型转换成精度低的数据类型时，可能出现数据丢失。

【例 4-2】 阅读以下代码，思考应将变量 result 定义为什么类型，其值为多少？

```
char ch = 'a';
int i = 7;
float f = 4.2f;
double d = 3.1415;
    result = (ch/i) + (f * d) - (f + i);
System.out.println (result);
```

思路推导：

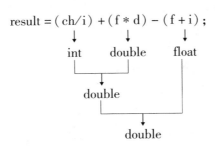

经过分析，result 需要指定为 double 类型，最终的执行结果为：14.994299591541292。

思考：

int a;   float b;   double c;
a = 5; b = 1.0;   c = 2.0;
问题 1：请问"a + b"和"a * c"的值各是多少？
问题 2："a%b;"的写法正确吗？如果不正确，该如何修改？

阅读以下代码，注意注释说明，并掌握多种数据类型进行混合运算的类型转换方法。

```
byte b = 2;
short s = 112;
int i = 5000;
long l = 22200;
float f = 12.5f;
double d = 32.2332;
//通过观察下列表达式的合法性,观察并学习各类型数据计算时的结果转换
byte r1 = b + s;   //byte + short,结果为short,需强制转换为byte,不合法
short r2 = b + s;
int r3 = b + s;
int r4 = i + l;   //int + long,结果为long,需强制转换为int,不合法
long r5 = i + l;
long r6 = l + f;   //long + float 结果为float,需强制转换为long,不合法
float r7 = l + f;
float r8 = f + d; //float +double 结果为double,需强制转换为float,不合法
double r9 = f + d;
```

4.3.3 自增、自减运算符

自增运算符为 ++；自减运算符为 --。

自增、自减运算符是 Java 较为特殊的一元算术运算符，其功能为将该运算符作用的整型变量自增 1 或自减 1。该运算符的操作数可以位于运算符之前，也可以位于运算符之后。在使用自增自减运算符时，应注意以下几点：

（1）自增、自减是对自己的值的操作，如果自己不是一个容器（变量），就不能操作。因此，自增、自减运算符的操作数只能是一个有值的整型变量，常量或表达式不能进行自增、自减运算。例如，2.3 ++ 、(x + y) ++ 不合法。

（2）当运算符在操作变量之前时，Java 将先进行自增 1 或自减 1 运算，后使用变量的值。例如，

```
int i = 1; int j = 1; ;
System.out.println( ++i);   //先运算,后使用变量,输出 i 的值为 2
System.out.println( --j);   //先运算,后使用变量,输出 j 的值为 0
```

（3）当运算符在操作变量之后时，Java 将先使用变量的值，后进行自增 1 或自减 1 运算。例如，

```
int i = 1; int j = 1; ;
System.out.println(i ++);   //先使用 i,输出 i 的值为 1,后 i 自增 1 变为 2
System.out.println(j --);   //先使用 i,输出 j 的值为 1,后 j 自减 1 变为 0
```

（4） ++ 、 -- 运算符由右至左结合。例如，

```
int i =3;
- i ++;
System.out.println( - i ++);   //输出 -3
System.out.println(i);          //输出 4
```

思考：

int a， b， c；
a =1； b =1；
问题1：请问 c = a ++ + ++b；的结果是多少？
问题2：请问 c = a ++ + ++b + a ++；的结果是多少？

【例 4 - 3】 自增、自减运算符的使用示例。

代码如下：

```
public class Exam2 {
    public static void main(String[] args) {
        int i =10;
        int a;
        a =i ++;   //后缀自增,先赋值,再自增
        System.out.println("a =i ++后,a = " +a +",i = " +i);
        a = ++i;   //前缀自增,先自增,再赋值
        System.out.println("a = ++i后,a = " +a +",i = " +i);
        a =i --;   //后缀自减,先赋值,再自减
        System.out.println("a =i --后,a = " +a +",i = " +i);
        a = --i;   //前缀自减,先自减,再赋值
        System.out.println("a = --i后,a = " +a +",i = " +i);

        i ++; ++i;   //没有与其他运算符合用时,前缀后缀都一样,变量值自增/自减
        System.out.println("i = " +i);
        i --; --i;
        System.out.println("i = " +i);
    }
}
```

4.4 复合赋值运算符

复合赋值运算符： += 、 -= 、 *= 、 /= 、%=

复合赋值运算符就是在 " = " 前面加上一个其他基本算术运算符，形成计算与赋值功能结合的新的二元运算符，用于将运算符左边变量的值与右边的常量、变量或表达式进行算术运算后的结果赋值给运算符左边的变量。由于赋值运算符的左操作数只能是一个变量，因

此复合赋值运算符的左操作数也只能是一个变量。例如，

a += b 的换算式为 a = a + b

a -= b 的换算式为 a = a - b

a *= b 的换算式为 a = a * b

a /= b 的换算式为 a = a/b

a %= b 的换算式为 a = a%b

a += b + c 的换算式为 a = a + (b + c)

根据上面的复合赋值运算表达式转换方式，可以将下面第一行的复合赋值表达式转换为第二行的普通算数表达式：

a += 3 ;　　x *= y + 8 ;　　　x %= 2 ;

a = a + 3 ;　x = x * (y + 8) ;　x = x%2 ;

 思考：

求取下列代码中各表达式的值。

int a = 5 ;

a += 5 ;　　a /= 5 ;　　a /= (a + a) ;　　a %= (a + a) ;

4.5　程序的顺序结构

4.5.1　顺序结构的特点

程序的三大结构分别为：顺序结构、分支（选择）结构、循环结构。顺序结构是最简单的程序结构，也是最常用的程序结构，按照解决问题的顺序写出相应的语句即可。顺序结构代码的执行顺序是自上而下、依次执行。

例如，a = 3，b = 5，交换 a，b 的值。

解决这个问题，就好像交换两个杯子的水要用到第三个杯子，假如第三个杯子是 c，那么正确的程序为：

c = a; a = b; b = c;

执行结果为：a = 5，b = c = 3

如果改变其顺序，写成：a = b; c = a; b = c; 则执行结果就变成 a = b = c = 5，达不到预期的目的。

顺序结构可以独立构成一个简单的完整程序，常见的输入、计算、输出三部曲的程序就是顺序结构。大多数情况下，顺序结构都是作为程序的一部分，与其他结构一起构成一个复杂的程序。例如，分支结构中的复合语句、循环结构中的循环体等。

【例 4-4】　计算 79 华氏度对应多少摄氏度？

转换公式为：c = (5.0/9) * (f - 32);

代码如下：

```
public class Exam3 {
    public static void main(String[] args) {
        double = 79.0;
        double c;
        c = (5.0/9) * (f-32);
        System.out.println(f + "华氏度 =" + c + "摄氏度");
    }
}
```

4.5.2 Java 的数据输入工具对象 Scanner

　　程序的基本功能就是对数据按照一定算法进行加工处理，并将结果反馈输出。程序不能总是基于对固定不变的数据进行加工。同一程序应对不同的数据进行加工处理，输出不同的结果。不同的数据来自用户的输入，不同的结果由程序输出。

　　Java 的输出使用的是 System. out. print( ) 函数工具。Java 的输入使用的是 System. in，它代表计算机的输入工具——键盘。要想程序能够对键盘上输入的数据实施类型控制，需要借助 Scanner 类。

　　Scanner 来自 java. util. Scanner 工具包。定义 Scanner 的对象 in 的使用方法：

Scanner in = Scanner（System. in）；

　　Scanner 类的使用说明如表 4 - 1 所示。

表 4 - 1　**Scanner 类的使用说明**

Scanner 的方法	程序示例	方法说明
nextInt( )	int a = in. nextInt( );	输入一个整型数据，回车结束
nextDouble( )	double b = in. nextDouble( );	输入一个小数数据，回车结束
next( )	String s = in. next( );	输入一个字符串，回车结束，空格作为不同字符串间的分隔符号
nextLine( )	String s = in. nextLine( );	输入一个字符串，回车结束，空格作为普通字符
nextByte( )	byte b = in. nextByte( );	输入一个字节数据，回车结束
nextShort ( )	short b = in. nextShort( );	输入一个 short 型小数，回车结束
nextLong( )	long b = in. nextLong ( );	输入一个 long 型整数，回车结束
nextFloat( )	float b = in. nextFloat ( );	输入一个 float 类型小数，回车结束
nextBoolean( )	boolean b = in. nextBoolean ( );	输入一个布尔类型数据，回车结束

 注意

　　Java 中没有 in. nextChar( )，因为 Java 认为 String 可以代替 char 在程序中使用。

将例 4 – 4 用 Scanner 输入进行如下改进。

double F;

double c;

System. out. println("请输入要计算的华氏温度");

Scanner in = Scanner(System. in);

F = in. nextDouble( );

} 输入

c = (5. 0/9) * (F – 32);   ⟶ 计算

System. out. pritln(F + "华氏度 = " + c + "摄氏度");   ⟶ 输出

【例 4 – 5】   Java 的输入工具函数及使用键盘的输入方法的示例。

代码如下:

```
import java.util.Scanner;    //从 java 安装包中引入 Scanner 类
public class Exam4 {
    public static void main(String[] args) {
        //创建 Scanner 类型的对象 in,输入工具为 System.in,即键盘
        Scanner in = Scanner(System.in);
        System.out.println("从键盘上输入一个整型值并回车");
        int a = in.nextInt();
        System.out.println("您输入了一个整型值:" + a);
        System.out.println("从键盘上输入一个小数型值并回车");
        double b = in.nextDouble();
        System.out.println("您输入了一个小数型值:" +b);
        System.out.println("从键盘上输入一个字符串类型值并回车");
        String c = in.next();
        System.out.println("您输入了一个字符串类型的值:" +c);

        System.out.println("从键盘上输入一个布尔型值并回车");
        boolean d = in.nextBoolean();
        System.out.println("您输入了一个布尔型值:" +d);
    }
}
```

4.5.3 顺序结构程序案例

【例 4 – 6】   计算一年的第 165 天是第几个星期的第几天?

提示:此题的计算应使用"/"和"%"的运算结合。

代码如下:

```
public class Exam5 {
    public static void main(String[] args) {
        int days =165;  int weekth,dayth;
        weekth =165 /7 +1;
```

```
        dayth =165% 7;
        System.out.println(days + "天是一年的第" + weekth + "星期的第" + dayth
+ "天");
    }
}
```

【例4-7】 求任意长度半径的圆的面积和周长。

代码如下：

```
import java.util.Scanner;
public class Exam6 {
    /**
    * 运用程序设计方法编写程序求圆的面积和周长
    */
    Public static void main(String[] args){
        double r;    //圆的半径变量
        double area;    //圆的面积变量
        double length;    //圆的周长变量

        Scanner in = new Scanner(System.in);
        System.out.println("计算圆的面积和周长,请先输入圆的半径:");
        r = in.nextDouble();

        area =3.14 * r * r;    //计算圆的面积
        length =2 * 3.14 * r;    //计算圆的周长

        System.out.println("半径为" + r + "圆的面积为" + area + ",周长为" +
length);
    }
}
```

本章小结

　　程序的主要功能就是通过特别的算法解决特定的问题，因此运算是任何程序都必须具备的功能。由操作数与运算符按照一定规则组成的表达式，才能由程序执行并计算结果。本章重点介绍了Java常用的运算符和相应的表达式，并通过简单的程序案例介绍了程序中最简单又最常用的顺序结构。

复　习　题

1. int x = 2，y = 3，z = 4；以下表达式结果为真的是_____。

A. x > y && z > y   B. x > y && y > x
C. x > z || y > x   D. x > y || y > z

2. 以下程序的运行结果是_____。

```
public class Increment{
    public static void main(String args[]) {
        int a;
        a = 6;
        System. out. print(a);
        System. out. print(a ++);
        System. out. print(a);
    }
}
```

A. 666   B. 667
C. 677   D. 676

3. 下列代码的执行结果是_____。

```
public class Test1{
    public static void main(String args[]){
        float t = 9. 0f;
        int q = 5;
        System. out. println((t ++) * ( -- q));
    }
}
```

A. 40   B. 40. 0
C. 36   D. 36. 0

4. 下列代码的执行结果是_____。

```
public class Test2{
    public static void main(String args[]){
        System. out. println(5/2);
    }
}
```

A. 2. 5   B. 2. 0
C. 2. 50   D. 2

5. 下列代码的执行结果是_____。

```
public class Test3{
    public static void main(String args[]){
        System. out. println(100%3);
        System. out. println(100%3. 0);
    }
}
```

A. 1 和 1
B. 1 和 1.0
C. 1.0 和 1
D. 1.0 和 1.0

6. 下列代码的执行结果是：_____。

```
public class Test4{
    public static void main(String args[]){
        int a = 4,b = 6,c = 8;
        String s = "abc";
        System. out. println(a + b + s + c);
        System. out. println();
    }
}
```

A. "ababcc"
B. "464688"
C. "46abc8"
D. "10abc8"

7. 下列代码的执行结果是_____。

```
public class Test5{
    public static void main(String args[]){
        String s1 = new String("hello");
        String s2 = new String("hello");
        System. out. println(s1 == s2);
        System. out. println(s1. equals(s2));
    }
}
```

A. true,false
B. true，true
C. false，true
D. false,false

8. 在对一个复杂表达式进行运算时，如果有括号，要先计算括号中的表达式；如果没有括号，就按运算符的优先顺序从高到低进行运算，同级的运算符则按照_____进行运算。

9. 算术运算符的优先级按下面次序排列：++ 和 -- 的级别最高，然后是_____和/，以及%，而 + 和 - 的级别最低。

10. 赋值表达式的组成是：在赋值运算符左边的是_____，右边是表达式。

第5章

比较、逻辑运算符与选择结构程序设计

知识要点

- ✓ 选择结构程序设计特点
- ✓ 比较运算符、逻辑运算符及其表达式
- ✓ 选择结构中的条件
- ✓ 单分支 if 选择结构与案例
- ✓ 双分支 if…else 选择结构与案例
- ✓ 多分支 if…else if…else 选择结构与案例
- ✓ 多分支 switch 选择结构与案例
- ✓ if 嵌套结构与案例
- ✓ 两种多分支选择结构的比较
- ✓ 分支选择结构对复杂逻辑问题的设计与求解

问题引入

在程序开发过程中，经常会遇到一些类似当某种条件满足时程序才去执行某些代码段的情况。例如，当用户在 ATM 机上取款时，要取的金额只有不大于可取金额时才能执行操作；当用户输入用户名和密码时，只有用户名和密码匹配时，才能进入系统；学生的考试成绩只有全部达标后，才能获得相应的毕业证书；等等。选择结构就是用来解决这些选择性问题的。

5.1 选择结构程序设计概述

5.1.1 选择结构程序设计的特点

选择结构是结构化程序的三种基本结构之一，其程序设计特点是：根据指定的条件，

如果条件成立，就执行一组操作；如果条件不成立，就执行另一组操作。选择结构程序执行的流程示意如图 5-1 所示。

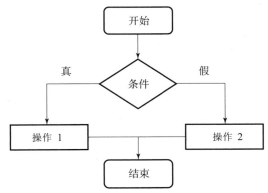

图 5-1　选择结构程序执行的流程示意

5.1.2　选择结构程序设计简单案例

本节以一个小案例来说明选择结构程序设计的特点。

例如，当我们得到一个学生的成绩后，需要根据该成绩是否大于等于 60 分来判断其是否及格。如果该成绩大于等于 60 分，就提示输出"及格"；否则，就提示输出"不及格"。

当在程序中处理类似上述情形的问题时，就需要用到选择结构程序设计。

5.2　选择结构中的条件

从选择结构的定义来看，选择结构的程序会根据指定的条件是否成立来执行不同的分支语句。这里的条件指的是条件表达式。条件表达式是由操作数、比较运算符以及逻辑运算符混合组成的。

5.2.1　关系运算符和表达式

关系运算符是一种二目运算符，用来比较两个操作数之间的关系。由关系运算符及其操作数组成的表达式就称为关系表达式。关系表达式的结果是一个布尔型的值，即为 true 或者 false。

例如，"学生成绩 >60"就是一个关系表达式。如果学生成绩为 70 分，则该表达式的值为 true；如果学生成绩为 50 分，则该表达式的值为 false。

Java 程序设计中用到的关系运算符如表 5-1 所示。

表 5 - 1　关系运算符

运算符	用法	含义	结合方向
>	A > B	大于	从左到右
<	A < B	小于	从左到右
>=	A >= B	大于或者等于	从左到右
<=	A <= B	小于或者等于	从左到右
==	A == B	等于	从左到右
! =	A ! = B	不等于	从左到右

5.2.2　逻辑运算符和表达式

逻辑运算符是用来连接多个关系表达式的，常用的逻辑运算符有 &&、||、!。其中，&& 和||是二目运算符，分别代表语言中"并且"和"或者"；而! 是一个单目运算符，表示将操作数 "取反"。逻辑运算符的操作数必须是布尔型的数据。

表 5 - 2 列出了 Java 程序设计中常用的逻辑运算符。

表 5 - 2　逻辑运算符

运算符	用法	含义	结合方向
&&	A&&B	逻辑与	从左到右
||	A||B	逻辑或	从左到右
!	!A	逻辑非	从左到右

结果为布尔型的变量（或表达式）可以通过逻辑运算符连接形成逻辑表达式。表5 - 3 给出了各种逻辑运算结果。

表 5 - 3　逻辑运算结果

A	B	A&&B	A||B	!A
true	true	true	true	false
true	false	false	true	false
false	true	false	true	true
false	false	false	false	true

例如，A =8，B =5，表达式 A ==8 && B >3 的结果为 true，而 A >8 || B <4 的结果为 false。

5.2.3　运算符的优先级

表 5 - 4 列举了 Java 中常用的关系运算符与逻辑运算符的优先级与结合性。

表5-4　关系运算符与逻辑运算符的优先级和结合性

优先级顺序	描述	运算符	结合性
1	大小关系运算符	<、<=、>、>=	从左到右
2	相等关系运算符	==、!=	从左到右
3	逻辑与运算	&&	从左到右
4	逻辑或运算	||	从左到右

例如，对于表达式 1+6>=7&&4*2<9，在计算的过程中应按照算术运算符→比较运算符→逻辑运算符的优先级由高到低的顺序。表达式首先计算"1+6"，然后用得到的结果"7"与">=7"进行比较，结果为 true；然后计算"4*2"，用得到的结果"8"与"<9"进行比较，结果为 true，最后计算逻辑表达式"true&&true"，结果为 true。

对于上述表达式，在实际的开发过程中，大家不用刻意记忆运算符的优先级，而可以尽量使用()运算符来实现想要的运算顺序。例如，A<B||!C相当于(A<B)||(!C)。

5.2.4　条件表达式的设计

综合运用关系运算符和逻辑运算符就能设计出满足各种条件的的条件表达式，从而完成选择结构程序设计。

案例1：判断一个数能够同时被3和5整除。

对于该案例，假设要判断的数字为 data，则只要 data 满足 data%3==0 && data%5==0 即可。

案例2：判断一个年份是否是闰年的条件：①能够被4整除且不能被100整除；②能整除400。

对于该案例，假设要判断的年份为 year，则只要 year 满足(year%4==0&&year%100!=0)||(year%400==0)就可以认为该年份为闰年。

案例3：输入代表年、月、日的三个整数给变量 y、m、d，判断它们组成的日期格式是否正确。对于输入的年、月、日，这些变量需要满足的条件为：①年份大于等于1900，小于等于2014；②月份大于等于1，小于等于12；③日期大于等于1，小于等于31（在本案例中，每月均按31天计算）。

对于该案例，根据条件要求，列出的表达式为：

(y>=1900&&y<=2014)&&(m>=1&&m<=12)&&(d>=1&&d<=31)。

案例4：输入代表年、月、日的三个整数给变量 y、m、d，判断它们组成的日期格式是否正确。对于输入的年、月、日，这些变量需要满足的条件为：①年份小于1900，或者大于2014；②月份小于1，或者大于12；③日期小于1，或者大于31（在本案例中，每月均按31天计算）。

对于该案例，根据条件要求，列出的表达式为：

(y<1900||y>2014)||(m<1||m>12)||(d<1||d>31)。

5.3 if 选择结构及案例

if 语句是单条件分支语句，即根据一个条件来控制程序执行的流程。

if 语句的语法格式如下：

if(条件表达式){

    代码块；

}

如果条件表达式的结果为 true，就执行 if 后面大括号中的代码块；否则，程序就跳转到 if 语句大括号后面执行代码。

需要注意的是，如果 if 后面大括号中的代码块只有一句代码，则可以省略大括号。但是，为了增强程序的可读性和防止出现习惯性的错误，强烈建议大家不要省略大括号。

【例 5 – 1】 当学生的成绩大于等于 60 分时，输出"及格"字样。

使用 if 语句来具体实现的代码如下：

```java
public class IfDemo {
    public static void main(String[] args) {
        int score = 70;
        if(score >= 60){
            System.out.println("及格");
        }
    }
}
```

5.4 if···else 选择结构及案例

if···else 是单条件分支语句，即根据一个条件来控制程序执行的流程。

if···else 语句的语法格式如下：

if(条件表达式){

       代码块 A；

  }

  else{

       代码块 B；

  }

如果条件表达式的结果为 true，就执行代码块 A；否则，就执行代码块 B。

【例 5 – 2】 如果学生的成绩大于等于 60 分，就输出"及格"字样；否则，就输出"不及格"字样。

使用 if…else 语句来具体实现的代码如下：

```java
public class IfDemo {
    public static void main(String[] args) {
        int score = 70;
        if(score >= 60) {
            System.out.println("及格");
        } else {
            System.out.println("不及格");
        }
    }
}
```

5.5　if…else if…else 选择结构及案例

if…else if…else 语句是多条件分支语句，即根据多个条件来控制程序执行的流程。

if…else if…else 语句的语法格式如下：

if(条件表达式 1) {
　　　　代码块 A；
　　}
　　else if(条件表达式 2) {
　　　　代码块 B；
　　}
　　…
　　else {
　　　　代码块 C；
　　}

该语法表示，如果程序中的条件表达式 1 结果为 true，就执行代码块 A；如果条件表达式 1 不成立，就验证条件表达式 2，如果条件表达式 2 的结果为 true，就执行代码块 B。类似条件表达式 2 可以嵌套多次，如果条件表达式 2 也不成立，代码就跳入最后的 else 大括号内，执行代码块 C。

【例 5 - 3】　如果学生的成绩大于等于 90 分并且小于等于 100 分，就输出"优秀"字样；如果成绩大于等于 80 分并且小于 90 分，就输出"良好"字样；如果成绩大于等于 60 分并且小于 80 分，就输出"及格"字样；否则，就输出"不及格"字样。

使用 if…else if…else 语句来具体实现的代码如下：

```
public class IfElseIfElseDemo {
    public static void main(String[] args) {
        int score = 70;
        if (score >= 90 && score <= 100) {
            System.out.println("优秀");
        }
        else if(score >= 80 && score < 90) {
            System.out.println("良好");
        }
        else if (score >= 60 && score < 80) {
            System.out.println("及格");
        }
          else {
            System.out.println("不及格");
        }
    }
}
```

5.6　if 嵌套结构及其案例

if 嵌套语句也属于多条件分支语句, 它可以完成类似 if…else if…else 这样的选择结构语句。

if 嵌套语句的语法格式如下:

if(条件表达式 1) {
　　　　if(条件表达式 1. 1) {
　　　　代码块 A;
　　}
　　else if(条件表达式 1. 2) {
　　　代码块 B;
　　}
　　…
　　else {
　　　　代码块 C;
　　}
　　}
　　else if(条件表达式 2) {
　　　　代码块 D;
　　}

...

else ｛

　　代码块 E；

｝

上面的语法表示，程序首先判断条件表达式 1，如果结果为 true，就进入其后的大括号中执行，判断条件表达式 1.1；如果条件表达式 1.1 为 true，就执行代码块 A；依次类推；如果条件表达式 1 的结果为 false，就判断条件表达式 2，如果条件表达式 2 为 true，就执行代码块 D；如果条件表达式 2 为 false，就执行代码块 E。

注意

上述 if 嵌套语法格式中的 else if 部分和 else 部分在具体编程时，可以根据具体问题的需要来删减分支。

【例 5 - 4】　对例 5 - 3 使用 if 嵌套语句来具体实现。

代码如下：

```java
public class IfNestDemo {
    public static void main(String[] args) {
        int score = 70;
        if (score >= 60) {
            if (score < 80) {
                System.out.println("及格");
            }
            else if (score < 90) {
                System.out.println("良好");
            }
            else if (score <= 100) {
                System.out.println("优秀");
            }
        }
        else {
            System.out.println("不及格");
        }
    }
}
```

这段代码同样实现了根据不同成绩输出不同字样的要求，但实现的方式与例 5 - 3 不同，请大家通过对比分析来理解。

if 嵌套语句另一个典型的应用场景是找出三个数中的最大值。

如果将需要比较的 3 个数分别存于变量 a、b、c，则对它们执行判断的过程示意如图 5 - 2 所示。

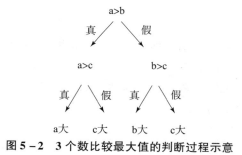

图 5 - 2　3 个数比较最大值的判断过程示意

代码如下：

```java
//先判断两个数,再用大的数和第三个数做比较,采用 if 嵌套
if ( a > b ) {
    if ( a > c ) {
        System.out .println( "最大值是" + a );
    } else {
        System.out .println( "最大值是" + c );
    }
} else {
    if ( b > c ) {
        System.out .println( "最大值是" + b );
    } else {
        System.out .println( "最大值是" + c );
    }
}
```

5.7　switch 选择结构及其案例

switch 语句是单条件多分支的开关语句，它可以作为 if…else if…else 语句的替代写法。switch 语句的语法格式如下：

switch(表达式)
  {
    case 常量值 1：代码块 1；break；
    case 常量值 2：代码块 2；break；
    …
  case 常量值 n：代码块 n；break；
    default：代码块 n + 1；
  }

在 switch 语句中，表达式结果值的类型必须是 byte、short、int、char 或枚举型。表达式的计算结果将与大括号中每一个 case 后面的常量值进行对比。当找到一个与表达式的值相同的常量值时，就执行对应 case 后面的代码块语句；如果所有 case 后面的常量值都不能够与表达式匹配，则执行默认 default 后的代码块。

需要注意的是，在每个 case 对应的代码块后都添加了 break 关键字，这是由于 case 语句在默认情况下是贯穿执行的，即如果执行了某个 case 后面的代码块，将不再判断后面其他的 case 条件，而直接执行代码块，直到碰到 break 后跳出，或整个 switch 语句结束。另外，如果 case 后面的代码块是由多条语句组成，就可以用大括号包围起来。

【例 5-5】　根据变量 day 的值来输出对应的星期信息。

使用 switch 语句来具体实现的代码如下：

```
public class SwitchDemo {
    public static void main(String[] args) {
        int day = 2;
        switch (day) {
        case 1 :System.out.println("星期一");break ;
        case 2 :System.out.println("星期二");break ;
        case 3 :System.out.println("星期三");break ;
        case 4 :System.out.println("星期四");break ;
        case 5 :System.out.println("星期五");break ;
        case 6 :System.out.println("星期六");break ;
        case 7 :System.out.println("星期日");break;
            default :System.out.println("不是正确的星期天数");
        }
    }
}
```

思考：

对于例 5-5 的代码，大家可以尝试将 case 2 代码块中的 break 去掉，看看输出结果是什么。

5.8　if…else if…else 和 switch 的转换和区别

通过对 switch 语句的学习，我们可以发现，switch 语句只是一种变形的 if…else if…else 语句。由于各个 case 语句的罗列，switch 语句的结构比较清晰、易读，但这是有代价的，即 switch 语句中的表达式结果的类型只能是 byte、short、int、char 或枚举型。

【例 5-6】　对例 5-5 使用 if…else if…else 语句进行转换。

代码如下：

```java
public class SwitchConvertifElseIfDemo {
    public static void main(String[] args) {
        int day = 2;
        if (day == 1) {
            System.out.println("星期一");
        }
        else if (day == 2) {
            System.out.println("星期二");
        }
        else if (day == 3) {
            System.out.println("星期三");
        }
        else if (day == 4) {
            System.out.println("星期四");
        }
        else if (day == 5) {
            System.out.println("星期五");
        }
        else if (day == 6) {
            System.out.println("星期六");
        }
        else if (day == 7) {
            System.out.println("星期日");
        }
        else {
            System.out.println("不是正确的星期天数");
        }
    }
}
```

请大家认真对比例5-5和例5-6的代码，总结 switch 语句和 if⋯else if ⋯else 语句的转换规律。

本章小结

选择结构又称为分支结构，是程序设计语言三大基本流程控制结构之一。本章重点介绍了与选择结构相关的一些知识点，包括比较运算符、逻辑运算符、if⋯else 语句、switch 语句，以及相关的 break 关键词的相关内容。

复 习 题

1. 下面哪个表达式不能用于 switch 语句的参数？_____。

A. byte b = 1;　　　　　　　　　B. int i = 1;

C. boolean b = false;　　　　　　D. char c = 'a';

2. 设有变量 int a = 8,b = 5;则以下表达式中结果为 false 的是_____。

A. a >= 8&&b >= 5　　　　　　　B. a <= 8&&b <= 5

C. a!= 8||b!= 5　　　　　　　　D. a >= 8&&a <= 8

3. 以下哪个命令可以防止 switch 语句中多个 case 语句贯穿执行？_____。

A. continue　　　　　　　　　　B. break

C. goto　　　　　　　　　　　　D. default

4. 以下选项不属于关系运算符的是_____。

A. >　　　　　　　　　　　　　B. ≧

C. <　　　　　　　　　　　　　D. ==

5. 以下选项不属于逻辑运算符的是_____。

A. &&　　　　　　　　　　　　B. ||

C. !　　　　　　　　　　　　　D. !=

6. 以下在程序中能够正确判断数字 x 是否介于(0,10]之间的表达式的是_____。

A. 0 < x < 10　　　　　　　　　B. 0 < x ≦ 10

C. x > 0 || x <= 10　　　　　　　D. x > 0&&x <= 10

7. 有如下代码，输出结果为_____。

```
int  day = 3;
switch(3){
  case 1:system. out. print("1");break;
  case 3:system. out. print("3");
  case 5:system. out. print("5");
  default:system. out. print("6");
}
```

A. 3　　　　　　　　　　　　　B. 35

C. 356　　　　　　　　　　　　D. 以上都不对

8. 有如下代码，输出结果为_____。

```
double score = 78;
if( score >= 90&&score <= 100){
  system. out. println("优秀");
}
if( score >= 80&&score < 90){
  system. out. println("良好");
```

```
        }
    if( score >= 60&&score <80 ) {
        system. out. println( "及格" );
    } else {
        system. out. println( "不及格" );
    }
```

A. 良好   B. 及格

C. 不及格   D. 优秀

9. 如果能够被 4 整除但不能被 100 整除的年份称为闰年，则以下可以判断一个年份 year
为闰年的表达式是_____。

A. year%4 =0&&year%100! =0   B. year/4 ==0&&year%100! =0

C. year%4 ==0&&year%100! =0   D. year/4 ==0||year%100! =0

10. 以下代码输出结果为_____。

```
    int x = 15;
    if( x%3 ==0 ) {
        System. out. print( "能够被 3 整除" );
    }
    if( x%5 ==0 ) {
        system. out. print( "能够被 5 整除" );
    }
    else if( x%3 ==0&&x%5 ==0 ) {
        system. out. print( "能够同时被 3 和 5 整除" );
    }
```

A. 能够被 3 整除

B. 能够被 3 整除能够被 5 整除

C. 能够被 3 整除能够被 5 整除能够同时被 3 和 5 整除

D. 以上都不对

第6章

循环结构程序设计

知识要点

✓ 了解循环结构程序设计
✓ 三种循环结构的使用
✓ 三种循环结构的常见实现案例
✓ 循环嵌套结构
✓ break 和 continue 中断关键字
✓ 循环选择结构对复杂问题的设计与求解

问题引入

如果需要输出 100 句 "我爱你"，那么可以通过写 100 行 System. out. println（"我爱你"）来实现。但这样编写代码太麻烦。此外，一旦需要修改输出信息（如把 "我爱你" 改成 "第 x 行，我爱你"），工作量将会很大。如果使用循环语句，3 ~ 4 行代码就可以解决问题，而且修改起来会非常简便，即使需要输出 10 000 行，也只要修改一个数字就可以了。

循环结构能大大减少代码的重复量，对程序优化非常重要。

6.1 循环结构程序设计概述

循环结构是结构化程序的三种基本结构之一，熟练掌握循环结构和循环结构的概念是程序设计的基本要求。

生活中的循环大概可以分为两类：

（1）重复的次数能事先确定。例如，打印 50 份试卷，出售 200 张电影票。

（2）重复的次数不能事先确定。例如，反复搅拌水泥，直到水泥充分混合。我们无法事先确定水泥在搅拌 10 次后能充分混合，还是在搅拌 100 次后能充分混合。

但是，无论哪一类循环，我们都可以将其总结为两个部分：循环条件和循环操作。例如，对于"打印50份试卷"而言，"是否够50份"是循环条件、"打印试卷"是循环操作；对于"反复搅拌水泥，直到水泥充分混合"而言，"水泥充分混合"是循环条件、"搅拌水泥"是循环操作。

在程序语言中，循环结构分为三类：while循环、do…while循环、for循环。这三种循环结构均能实现程序中的循环控制，在一般循环控制中基本没有区别，但在一些特殊的循环控制中，它们能起到不同的作用。例如，while循环和do…while循环主要针对在生活中无法事先确定次数的循环，for循环主要针对在生活中能事先确定次数的循环；while循环和do…while循环在循环的条件判断顺序上有所不同，while循环先判断再执行，而do…while循环则先执行再判断。

6.1.1　循环的实现原理

循环最重要的特点就是能被控制。一个不能被控制的循环是没有用的，或者称为死循环。控制循环需要使用一个计数器和三个循环控制状态要素。

1. 计数器

计数器就是一个能记录当前条件值的改变状态的存储器，在程序语言中通常以一个整型的变量来表示。计数器中的值在每次循环时被修改，从初始值一直改变到最后一次循环的结束值。

2. 循环控制状态要素

（1）设置循环的初始值。在整个循环中，只能设置一次初始值。例如，在顺序数数时，需要设置是从0开始还是从1开始；在倒序数数时，则需要设置从10开始还是从100开始。这里的0、1、10、100就是循环的初始值。

（2）设置循环的结束条件。通常，结束条件是一个关系表达式或逻辑表达式，当表达式为true时，执行循环；表达式为false时，结束循环。例如，从1数到100，则循环条件应该是计数器 <= 100，即：当计数器的值 <= 100时，进行循环；当计数器的值 > 100时，结束循环。

（3）设置计数器从初始值到结束条件的变化方式。否则，计数器的值如果无法从最初值达到结束条件值，循环将无限执行下去，也就是通常所说的死循环。计数器的变化方式通常采用自增运算（++）或自减运算（--），以便让循环在有限次数内达到指定的条件，并结束循环。

6.1.2　循环结构程序设计简单案例

我们可以考虑这样一个例子：使用循环结构来输出1~100。这类似生活中的"从1数到100"，只是在生活中用声音进行输出，而在程序里用字符进行输出。

从循环控制的思路来考虑这个问题：

（1）需要有一个起始值。在这个问题中，循环操作就是输出一个不断变化的数字，我们的起始值应该是 1。

（2）需要知道在什么时候结束循环。当数到 100 的时候，循环应该结束。

（3）应设置该循环如何变化。由于要求 1～100 的每个数都要显示，所以，第 1 次应输出 1，第 2 次应输出 2，第 3 次应输出 3……依次类推，输出的数字每次都要增加 1。循环示例如图 6-1 所示。

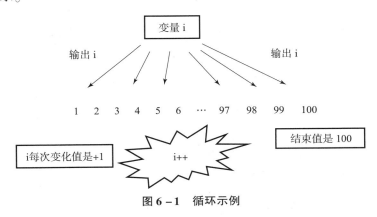

图 6-1　循环示例

6.2　循环结构

作为所有程序语言中的鼻祖，C 语言创建了三种循环结构语句，这三种循环结构至今仍然是 C++、C#、Java、Delphi、VB 语言以及各种脚本语言循环结构的唯一代表。

6.2.1　while 循环结构

while 循环结构可以理解为"当……时，做……事"。它的特点是先判断条件是否满足，再根据判断结果决定是否执行循环体。while 循环结构主要用于事先不能确定循环次数的情况。

语法：

while(循环条件){
　　循环体(操作内容)
}

while 循环执行流程示意如图 6-2 所示。

首先，程序判断循环条件，如果结果为 true，就顺序执行语句。然后，判断循环条件，如果结果为 true，就再一次执行语句，并在执行完毕之后判断循环条件。如果判断循环条件的结果为 false，就结束循环，执行后面的语句。

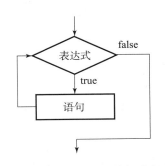

图 6-2　while 循环执行流程

Java程序语言基础

6.2.2 do…while 循环结构

do…while 循环结构可以理解为"做……事，当……时"，它的特点是先执行一次循环体，再判断是否继续循环。do…while 循环结构主要适用于由用户来决定是否需要循环且循环次数事先不确定的情况。

语法：

do{
　　循环体(操作内容)
}while(循环条件);

do…while 循环执行流程示意如图 6 – 3 所示。

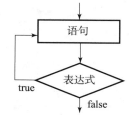

图 6 – 3　do…while 循环执行流程

do…while 循环会首先执行一次语句，然后判断表达式的值为 true 还是 false。如果为 true，就反复执行循环体语句，并在循环体语句执行完毕之后又一次判断循环表达式的值；如果为 false，就循环结束。

6.2.3 while 和 do…while 循环结构的区别

while 与 do…while 循环在大多数情况下并没有本质区别，其实它们在大多数情况下也是可以互换的。不过，由于在执行顺序上，while 语句先判断循环条件，后执行循环语句，所以如果一开始判断循环条件就为 false，while 语句的循环体部分就会不被执行，而是直接跳过（这点比较像 if 语句）；而 do…while 语句由于先执行循环体语句，后执行判断，所以无论一开始判断循环条件是否为 false，循环体语句都一定会被执行一次。

6.2.4 for 循环结构

语法：

for(表达式1;表达式2;表达式3){
　　循环体(操作内容)
}

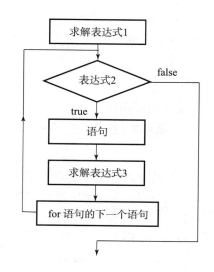

图 6 – 4　for 循环执行流程

其中，表达式 1 一般用作初始化，表达式 2 是循环条件表达式，表达式 3 通常是一个自增表达式（i ++）。

for 循环执行流程示意如图 6 – 4 所示。

首先求解表达式 1，然后执行表达式 2，判断结果是 true 还是 false，如果是 true，就执行循环语句，最后求解表达式 3。之后，程序转到表达式 2，判断结果是 true 还是 false，如果是 true，就重复执行语句，求解表达式 3，判断表达式 2，如果是 false，就继续

84

执行 for 语句的下一语句。

6.3 循环对常见问题的实现案例

6.3.1 生成有序数字序列

【例 6 - 1】 分别使用 while、do…while、for 循环编写程序，依次输出 1 ~ 100 的各个整数。

可以看到，初始值为 1，结束值为 100，其中的变化为每次输出的数值都增加 1。

（1）使用 while 循环来实现。代码如下：

```
public class WhileDemo{
    public static void main(String[] args) {
        int i = 1;//1 设置初始值
        while (i <=100) {//2.设置循环结束值,当大于 100 时,结束循环
            System.out.println(i);
            //3.循环体:输出 i
            i ++;
            //3.循环体:对初始值进行改变
        }
    }
}
```

（2）使用 do…while 循环来实现。代码如下：

```
public class DoWhileDemo{
    public static void main(String[] args) {
        int i = 1;//1.设置初始值
        do{
            System.out.println(i);
            //3.循环体:输出 i
            i ++;
            //3.循环体:对初始值进行改变
        }while(i <=100); //2.设置循环结束值,当大于 100 时,结束循环
    }
}
```

（3）使用 for 循环来实现。代码如下：

```
public class ForDemo{
    public static void main(String[] args){
        for(int i =1; i <=100; i ++){
        //1.设置初始值 i =1,设置结束表达式 i <=100,设置变化 i ++
        //全部都写在了一行
            System.out.println(i);
            //3.循环体:输出 i
        }
    }
}
```

从以上 3 个程序可以看出，三种循环方式是可以互换的，它们的不同之处主要是在语法上，而它们的重点是都抓住了循环控制的三要素：初始值、结束值、变化量。

【例 6 - 2】　分别使用 while、do…while、for 循环编写程序，实现 1 ~ 100 的求和、求积运算。

（1）使用 while 循环来实现求和。代码如下：

```
public class WhileSumDemo{
    public static void main(String[] args){
        int sum =0,i =1;//1.设置初始值,增加存储求和结果的变量
        while (i <=100){//2.设置循环结束值,当大于 100 时,结束循环
            sum += i; //3.循环体:计算和
            i ++; //3.循环体:对初始值进行改变
        }
        System.out.println("sum =" + sum);
    }
}
```

（2）使用 while 循环来实现求积。代码如下：

```
public class WhileQuadratureDemo{
    public static void main(String[] args){
        int sum =0,i =1;//1.设置初始值,增加存储求积结果的变量
        while (i <=100 ){//2.设置循环结束值,当大于 100 时,结束循环
            sum *= i; //3.循环体:计算积
            i ++; //3.循环体:对初始值进行改变
        }
        System.out.println("sum =" + sum);
    }
}
```

（3）使用 do…while. 循环来实现求和。代码如下：

```
public class DoWhileSumDemo{
    public static void main(String[] args) {
        int sum =0,i =1;//1.设置初始值,增加存储求和结果的变量
        do {
            sum += i; //3.循环体:计算和
            i ++; //3.循环体:对初始值进行改变
        }while (i <=100); //2.设置循环结束值,当大于100时,结束循环
        System.out.println("sum = " + sum);
    }
}
```

（4）使用 do…while 循环来实现求积。代码如下：

```
public class DoWhileQuadratureDemo{
    public static void main(String[] args) {
        int sum =0 ,i =1;//1.设置初始值,增加存储求积结果的变量
        do {
            sum *= i; //3.循环体:计算积
            i ++; //3.循环体:对初始值进行改变
        }while (i <=100); //2.设置循环结束值,当大于100时,结束循环
        System.out.println("sum = " + sum);
    }
}
```

（5）使用 for 循环来实现求和。代码如下：

```
public class ForSumDemo{
    public static void main(String[] args) {
        int sum =0;//1.增加存储求和结果的变量
        //2.设置循环结束值,当大于100时,结束循环
        for (int i =0 ;i <=100 ;i ++){
            sum += i; //3.循环体:计算和
            i ++; //3.循环体:对初始值进行改变
        }
        System.out.println("sum = " + sum);
    }
}
```

（6）使用 for 循环来实现求积。代码如下：

```java
public class ForQuadratureDemo{
    public static void main(String[] args) {
        int sum = 0 ;//1.设置初始值
        //2.设置循环结束值,当大于 100 时,结束循环
        for ( int i = 0 ;i <= 100 ;i ++){
            sum *= i; //3.循环体:计算积
            i ++; //3.循环体:对初始值进行改变
        }
        System.out.println( "sum = " + sum);
    }
}
```

6.3.2　使用 while 循环——寒假作业

【例6-3】　小明放假了,爸爸给他布置作业前先检查作业是否合格,如果不合格,小明就继续做。上午完成语文,下午完成数学。用 while 循环来编写代码实现。

从题目中可知,循环重复要做的事情是上午完成语文、下午完成数学;结束的条件是作业合格了;是否合格由"爸爸"判断后输入。代码如下:

```java
public class WhileUseDemo{
    public static void main(String[] args) {
        Scanner input = new Scanner(System.in);
        System.out.println("合格了吗?");
        //1.由用户设置初始值
        String answer = input.next();
        //2.结束值是用户输入小写字母 y
        while ("y".eqauls(answer)){
            //3.循环体:输出学习的过程
            System.out.println("上午练习语文");
            System.out.println("下午练习数学");
            System.out.println("合格了吗?");
            //控制程序的变化,让"爸爸"有机会停止循环
            //让小明有机会休息一下,玩点儿别的
            answer = input.next();
        }
        System.out.println("练习结束,辛苦了!");
    }
}
```

以上代码展示了另一种情况,即初始值(或结束值)并不一定是数字,变化也并不一

定必须通过运算来达成，而是可以让程序的使用者（这里就是小明的爸爸）来直接输入初始值和变化值。这样编写程序可以使程序显示得更智能，让用户有更多控制权，从而提升用户体验。

 说明

如果在第一次问用户"合格了吗?"的时候，用户输入了"y"，则 while 循环将一次都不会被执行。

6.3.3 使用 do…while 循环——寒假小测试

【例6-4】 经过几天的练习，爸爸决定给小明进行一次测试。先进行测试，如果没合格，就继续测试，直到合格。使用 do…while 循环来编写代码实现。

这道题和例6-3很相似，唯一不同是必须先进行一次测试，而不是先判断是否合格。代码如下：

```
public class DoWhileUseDemo{
    public static void main(String[] args) {
        Scanner input = new Scanner(System.in);
        System.out.println("合格了吗?");
        //1.设置初始值为字符串n,它表示不合格
        String answer = "n"
        do{
            //3.循环体:输出测试
            System.out.println("做爸爸的测试题 \n \n");
            System.out.println("合格了吗?");
            //控制程序的变化,让"爸爸"有机会停止循环,
            answer = input.next();
        } while( "y".eqauls(answer));//2.结束值是用户输入小写字母 y
        System.out.println("测试结束,辛苦了!");
    }
}
```

从以上代码中可以看到，do…while 循环的循环体部分至少会执行一次。

6.3.4 使用 for 循环——数字序列计算

【例6-5】 输出 $1 + 1/2 + 2/3 + 3/4 + \cdots + 19/20$ 的和。使用 for 循环用两种方法来编写程序实现。

（1）这道题需要用到分数，看似很复杂，但可以找到其变化规律：除了第一项，其他项的分母始终比分子大 1，由此可以得到一个通项公式——$i/(i+1)$，并以此来进行计算。

代码如下：

```
public class ForUseDemo01{
    public static void main(String[] args) {
        int sum =1;//1.设置存储和的初始值,相当于把 1 先存储起来
        for (int i =1;i <=20;i ++){
        //2.设置循环结束值,当大于 20 时,结束循环
            sum += i/(i +1); //3.循环体:利用通项公式计算和
            i ++; //3.循环体:对初始值进行改变
        }
        System.out.println("sum = " + sum);
    }
}
```

(2)既然分数有两个数字,就可以声明两个变量——i 和 j(i 为分子,j 为分母)。代码如下:

```
public class ForUseDemo02{
    public static void main(String[] args) {
        int sum =1;//1.设置存储和的初始值,相当于把 1 先存储起来
        for (int i =1,j =2;i <=20;i ++,j ++){
        //2.设置循环结束值,当大于 20 时,结束循环
            sum += i/j; //3.循环体:利用分子是 i、分母是 j 来计算和
            i ++; //3.循环体:对初始值进行改变
        }
        System.out.println("sum = " + sum);
    }
}
```

6.4 循环嵌套

6.4.1 循环嵌套的原理和特点

一个循环结构的循环体可以是另外一个完整的循环结构,这就叫做循环嵌套。外层的循环通常称为外层循环,内层的循环通常称为内层循环。在前面的章节介绍过三种循环语句均可以任意嵌套使用,即在 for 循环中可以嵌套 while 循环或 do…while 循环,在 while 循环中可以嵌套 for 循环或 do…while 循环,同样,在 do…while 循环中也可以嵌套 for 循环或 while 循环。最常见的情况是在 for 循环中嵌套另一个 for 循环。

假设外层循环 m 次,内层循环 n 次,外层循环每循环一次,内层循环就循环 n 次。由此可以得出,如果外层循环执行 m 次,内层循环就会执行 m×n 次。

6.4.2　循环嵌套实现的数字队列案例

【例6-6】　将两个while循环嵌套使用，当外while循环输出1次i的值时，内while循环输出10次j的值，那么当外循环输出10次i的值时，内while循环就输出了100次j的值。使用while循环来编写代码实现。

代码如下：

```
public class WhileNestUseDemo{
    public static void main(String[] args) {
        int i,j;
        i = 1;
        while(i <= 10) {    //外部循环
            System.out.print("i = " + i);//放在外部循环体中
            j = 1;
            while(j <= 10) {    //内部循环
                System.out.print("j = " +j); //放在内部循环体中
                j ++;
            }
            //在外循环结束时,产生一个回车,以便能在输出中看出每次外循环的结束位置
            System.out.println();
            i ++;    //外部循环变量i的变化方法
        }
    }
}
```

该程序一共会输出10行，每一行的开头都是外循环的i变量的值，后面接j变量的值，我们从中可以看出，外循环每循环一次，内循环都会把j的值从1到10输出一遍。

该程序的外循环一共运行了10次，内循环的总运行次数就是10×10=100次。

运行结果如下：

```
i=1j=1j=2j=3j=4j=5j=6j=7j=8j=9j=10
i=2j=1j=2j=3j=4j=5j=6j=7j=8j=9j=10
i=3j=1j=2j=3j=4j=5j=6j=7j=8j=9j=10
i=4j=1j=2j=3j=4j=5j=6j=7j=8j=9j=10
i=5j=1j=2j=3j=4j=5j=6j=7j=8j=9j=10
i=6j=1j=2j=3j=4j=5j=6j=7j=8j=9j=10
i=7j=1j=2j=3j=4j=5j=6j=7j=8j=9j=10
i=8j=1j=2j=3j=4j=5j=6j=7j=8j=9j=10
i=9j=1j=2j=3j=4j=5j=6j=7j=8j=9j=10
i=10j=1j=2j=3j=4j=5j=6j=7j=8j=9j=10
```

6.4.3　循环嵌套实现绘制简单形状

【例6-7】　使用 * 符号绘制 10×20 的矩形。

在这道题中，使用外层循环输出行（就是在外层循环中输出回车），使用内层循环输出列（每执行一次，输出一个 * 符号）。由于矩形有 10 行，所以外层循环需要循环 10 次；由于矩形有 20 列，所以内层循环需要循环 20 次。

代码如下：

```
public class ForNestUseDemo01{
    public static void main(String[] args) {
        int i,j;
        for(i =1;i <=10;i ++){ //外层循环
            for(j =1;j <=20;j ++){  //内层循环
                System.out.print("*");//内层循环每循环一次输出一个 * 符号
            }
            System.out.println();   //外层循环每循环一次就换行
        }
    }
}
```

运行结果如下：

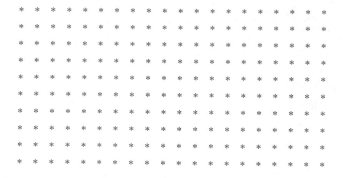

就这样，利用外层循环控制行数、内层循环控制列数，输出了简单的矩形。

只需在例6-7代码的基础上，对内层循环或外层循环的代码略做调整，就可以输出三角形、菱形等图形，大家可以试试。

6.4.4　循环嵌套实现复杂问题的求解

【例6-8】　一个口袋中有12个球，其中有3个红球、3个白球和6个黑球，从中任取8个球，共有多少种不同的颜色搭配？

解决这类问题的思路通常总是从最简单的情况来考虑。根据题目条件，一共取8个球，对于红球而言，最坏的情况就是一个红球都拿不到（0个），最好的情况就是3个红球都取出来了（3个）。依次类推，只取单色球的可能情况如表6-1所示。

表6-1 只取单色球的可能情况

颜色	最少个数	最多个数
红色	0	3
白色	0	3
黑色	0	6

我们可以将其写成三个循环，每个循环的初始值，即最少个数，最终值即最多个数。然后把三个循环进行嵌套，在最内层的循环中，只要判断三种颜色的数量是否等于8，如果等于8，则是取出球的一种可能性，就输出这种可能性。程序运行完毕时，就解出了所有的可能性。

代码如下：

```java
public class ForNestUseDemo02{
    public static void main(String[] args){
        int red,white,black,count =0;
        for(red =1;red <=3;red ++){ //循环模拟取到红球的可能性
            for(white =1;white <=3;white ++){ //循环模拟取到白球的可能性
                for(black =1;black <=6;black ++){ //循环模拟取到黑球的可能性
                    //计算一共取了几个球,如果是8,则符合题意,进行输出
                    if(red +white +black ==8){
                        //计算正确结果的次数
                        count ++;
                        System.out.print("第" +count +"种拿法:");
                        System.out.print("红球:" +red);
                        System.out.print("白球:" +white);
                        System.out.println("黑球:" +black);
                    }
                }
                Sysetm.out.print("*");//内层循环每循环一次输出一个 * 符号
            }
            Sysetm.out.println(); //外层循环每循环一次就换行
        }
    }
}
```

以上算法就是让计算机把取球的所有可能的组合全部尝试，然后将合适的取球组合法进行输出。这种算法思路被广泛应用于密码破解，由于它解决问题的思路简单、粗暴，所以它有一个很出名的名字——暴力破解法。

6.5　程序语言中断关键字

循环结构会一遍又一遍执行循环体，直到终值表达式判断为 false 时才结束。但是，总有一些情理之中却意料之外的事情会时不时发生。有时可能只需要跳过循环体的某几个步骤，但是还能继续循环；有时可能就需要彻底结束循环。在这种情况下，程序中断关键字就派上用场了。

6.5.1　break

break 关键字在介绍 switch 语句时就已经出场了，它同样可以在循环语句中出现。如果在循环语句中执行到 break，将终止循环，继续执行循环后面的语句。

【例6-9】　从 1 循环到 10，当计数器 i 的值为 8 时，就终止整个循环。使用 break 关键字来编写代码实现。

代码如下：

```java
public class BreakDemo{
    public static void main(String[] args) {
        int i;
        for(int i =1;i <=10;i ++)  {
            if(i ==8){
                break;//一旦 i 的值等于8,就中断循环
            }
            Sysetm.out.print(i +" ");
        }
    }
}
```

break 语句在循环体中常与 if 语句搭配使用，用于在特殊情况下中断循环。从例 6-9 的代码运行结果可以看出，由于当 i = 8 的时候程序终止了循环，所以代码仅输出了"1 2 3 4 5 6 7 "，8 和 9 均不会被输出。

6.5.2　continue

continue 关键字的作用是终止本次循环，继续进行下一次循环。

【例6-10】　从 1 循环到 10，当计数器 i 的值为 8 时，就终止本次循环，从下一次继续开始。使用 continue 来编写代码实现。

代码如下：

```
public class ContinueDemo{
    public static void main(String[] args) {
        int i;
        for( int i =1;i <=10;i ++ ) {  //外循环
            if(i ==8){
                continue;//一旦 i 等于8,就跳过后面的输出语句
            }
        Sysetm.out.print(i +" ");
        }
    }
}
```

　　为了方便对比，本例使用了与 break 很相似的代码，仅把 break 换成了 continue。与 break 相同，continue 通常会与 if 语句配合使用。它通常是用来在特殊情况跳过 continue 后面的循环体，继续下一次循环。所以，这段代码的输出结果是"1 2 3 4 5 6 7 9 10"。只有 8 没有被输出。

本章小结

　　本章介绍了循环的基本概念、分类与特点，并通过丰富的示例让大家理解并熟练应用循环结构。此外，本章还向大家介绍了循环的高级应用——嵌套循环，以及循环中会使用到的中断关键字——break 和 continue。

复 习 题

　　1. 对于如下代码：

```
int i;
while( i < 10 ) {
System. out. println( "i = " +i );
}
```

以下描述正确的是_____。

A. 显示 i = 0 到 9　　　　　　　　　　B. 显示 i = 1 到 9

C. 死循环　　　　　　　　　　　　　　D. 编译错误

　　2. 对于如下代码：

```
int i = 1;
while( i > 10 ) {
System. out. println( "i = " +i );
}
```

以下描述正确的是_____。

A. 死循环　　　　　　　　　　　　　　B. 显示 i = 1 到 9

C. 什么都不显示

D. 编译错误

3. 对于如下代码：

```
int i = 1;
do{
System. out. println("i = " + i);
i ++;
}while(i > 10);
```

以下选项描述正确的是_____。

A. 什么都不显示

B. 显示 i = 1 到 9

C. 显示 i = 1

D. 编译错误

4. 对于如下代码：

```
int i = 1;
do{
System. out. println("i = " + i);
i ++;
} while(i < 10)
```

以下选项描述正确的是_____。

A. 显示 i = 0 到 9

B. 显示 i = 1 到 9

C. 显示 i = 1 到 10

D. 编译错误

5. 对于如下代码：

```
for(int i = 1;i < 10;i ++){
System. out. println(i);
}
```

以下选项描述正确的是_____。

A. 显示 0 到 9

B. 显示 0 到 10

C. 显示 1 到 9

D. 显示 1 到 10

6. 如果有如下代码：

```
int i = 1;
for(;;){
System. out. println("i = " + i);
}
```

以下选项描述正确的是_____。

A. 什么都不显示

B. 显示 i = 1 到 9

C. 死循环

D. 编译错误

7. 对于如下代码：

```
for(int i = 1;i < 10;i += 2){
System. out. println("i = " + i);
}
```

以下选项描述正确的是_____。

A. 显示 i = 2 到 8 的偶数

B. 显示 i = 2 到 10 的偶数

C. 显示 i = 1 到 9 的奇数

D. 显示 i = 1 到 11 的奇数

8. 对于如下代码：

```
for( int i = 0 ; i < 10 ; i ++ ) {
    if( i == 5 ) {
        break ;
    }
        System. out. println( "i = " + i ) ;
}
```

以下选项描述正确的是_____。

A. 显示 i = 6 到 9

B. 显示 i = 1 到 9

C. 显示 i = 1 到 4，6 到 9

D. 显示 i = 1 到 4

9. 对于如下代码：

```
for( int i = 1 ; i < 10 ; i ++ ) {
    if( i == 5 ) {
        continue ;
    }
    System. out. println( "i = " + i ) ;
}
```

以下选项描述正确的是_____。

A. 显示 i = 1 到 4，以及 6 到 9

B. 显示 i = 1 到 9

C. 显示 i = 1 到 4

D. 显示 i = 6 到 9

10. 对于如下代码：

```
for( int number = 0 ; number ! = 5 ; number = new Random( ). nextInt( 10 ) )
    {
        System. out. println( number ) ;
    }
```

以下选项描述正确的是_____。

A. 执行时显示数字永不停止

B. 执行时显示数字 0 后停止

C. 执行时显示数字 5 后停止

D. 执行时显示数字，直到 number 为 5 后停止

第7章

数 组

知识要点

✔ 数组的概念
✔ 一维数组的定义与赋值
✔ 一维数组的常用操作方法
✔ 数组的维数和多维数组概述
✔ 二维数组的常用操作方法
✔ 数组的排序算法
✔ 使用数组结构实现复杂问题的设计和求解

问题引入

程序往往需要对大量同一数据类型的数据进行存储和处理。例如，存储 100 个学生的"Java 程序语言基础"课程的期末考试成绩，然后计算出所有学生的平均分、最高分、最低分。显然，定义 100 个变量来存储这些成绩数值，既麻烦又不合适。对于解决这类问题，Java 语言提供了数组（array）的数据结构。

7.1　数组的概念

生活中总有那么一些物品，它们类型相同、数量众多，我们需要将它们分类摆放和管理。例如，采用一个 CD 盒子放一张 CD 的摆放方式，那么摆放 100 张 CD 就需要 100 个 CD 盒子，这既占空间又浪费资源，所以我们会选择用能一次装 100 张 CD 的 CD 包来装这 100 张 CD，如图 7 - 1 所示。这种摆放方式有一个特点，就是每张 CD 在 CD 包中都按顺序放置。如果给这些 CD 做一个带有序号的目录，那么当要获取某一张 CD 时，只要知道它的序号（位置），就能很容易地从该 CD 包中找到 CD 了。

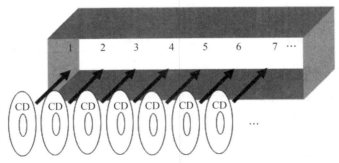

图7－1 带有数字序号的 CD 碟片摆放到 CD 包的方式

对于计算机程序来说，一个数据需要定义一个变量来保存，如果需要存储大量数据，就需要定义大量变量。例如，需要读取 100 个数，那么我们就需要定义 100 个变量，重复写 100 次代码。Java 语言提供的数组（array）可以解决这一问题。我们可以将数组看成存储相同数据类型元素的容器。例如，可以将 100 个数存储进数组。

数组是同一种类型数据的集合。数组一旦被定义，其存储的数据的数据类型也就确定了。

数组的最大好处就是能给存储进来的元素自动编号。数据在数组中的编号一般从 0 开始，这样的数据存储结构可以更加方便地让程序员读取数组中的每一个数据的值。例如，将学生的学号定义为数组，就可以通过学号找到对应的学生。

数组本身是引用数据类型，即对象。数组可以存储基本数据类型，未来也可以存储引用数据类型。

数组的举例如下：

```
int [ ] a =int [10]; //定义可以存储10 个整型数据的数组
a[0] =101 ;
...
a[9] =52;
String[]s =String [10]; //定义可以存储10 个字符串数据的数组
s[0] ="java";
...
s[9] ="丁勇";
```

7.2 变量与数组的区别

从程序功能上看，变量和数组都是存储数据的容器，但二者在作用和在内存中存储结构上又有区别。变量存储的是单个值，而数组则可以存储多个值。在程序中可以定义多个变量，但变量名必须是不同的、唯一的，且它们在内存中的存储位置是离散的，如图7－2所示；数组在内存中的存储位置却是连续的，如图7－3所示。

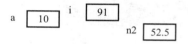

a	10		i	91

n2 52.5

g[0]	g[1]	g[2]	......	g[49]
152	24	234	76	63

图7-2　变量的存储结构特点　　　图7-3　数组的存储结构特点

我们可以把数组理解为由多个变量按线性顺序排列组合成的一种新的容器，该容器使容器中所有的变量都成为它的子容器。这些子容器均使用相同的数组变量名，在数组变量名后跟着一个包含在"［］"中的连续的数字序号，通过序号来访问它们。这样，数组就可以像CD包一样按顺序存储数据了。

如果用变量存储3个数据，则需要定义3个名字不同的变量。同时，由于变量名不同，所以访问变量时需要一个一个访问。

```
int a =10 ;
int i =19;
int c =52;
System.out .println(a);
System.out .println(i);
System.out .println(c);
```

使用数组则非常方便，只需要定义1个数组，就可以存储3个数据，而且还可以采用循环来遍历访问。

```
int a[] ={52,7,39};
for (int i =0;i <3;i ++){
    System.out .println(a[i]);
}
```

7.3　数组的定义

数组的声明的两种方式：

数据类型 ［ ］ 数组名字；　　　例如,int [ ] a;
数据类型 数组的名字 ［ ］；　　　例如,int a [ ];

 注意

　　在Java语言中，两种声明方法没有任何区别。建议大家用第一种，避免混淆a的数据类型。

数组和 String 都属于引用类型，而仅声明后的数组指向一个空指针，在内存中没有空间来存储数组中的数据（图7-4），因此不能使用。要想使用数组中的数据，就必须创建数组对象。

a | null |

图7-4 数组 a 仅声明时的状态

数组的创建有以下三种方式：

（1）声明数组的同时，根据指定的长度分配内存。但是，数组中元素的值都为默认的初始化值。例如，

```
int [ ] ary1 = int [5];
```

（2）声明数组并分配内存，同时将其初始化。例如，

```
int [ ] ary2 = int [ ]{1,2,3,4,5};
```

（3）与前一种方式相同，只是语法更简略。例如，

```
int [ ] ary3 = {1,2,3,4,5};
```

从另一个角度，数组创建可以分为动态和静态。

（1）动态创建数组。在创建数组时，没有为元素赋值，可以结合 for 循环进行赋值。例如，

```
int[ ] ary1 = int[5];
```

此时，数组的对象（即内存分配给数组的存储空间）被创建，并将对象的首地址放到数组名来引用，对象可以存储5个整型的数据，如图7-5所示。

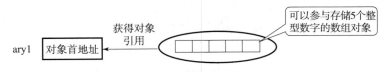

图7-5 创建可以存储5个整型数值的数组

（2）静态创建数组。在创建数组的时候，就为每个元素赋初值。例如，

```
int[ ] ary2 = int[ ]{1,2,3,4,5};
```

这种方式又叫数组初始化创建方式，它在创建数组的同时，就为数组添加初值，其数组创建方式如图7-6所示。通常在数组值预先已经确定的情况下采用这种定义方式。

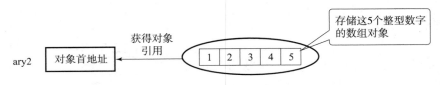

图7-6 创建数组的同时给数组赋予初值

注意

（1）在创建数组时，数组变量和数组对象必须在类型上保持一致。

例如，**int** [ ] ary = **double** [10]；

这样的定义方法就是错误的，因为前后类型不一致。

（2）数组对象创建必须指定数组的实际长度，因为必须告知系统要分配多少内存给数组使用。

例如，**int** [ ] ary = **int** [ ]；就会因为没有指定数组长度而报错误。

但是，**int** [ ] b1 = **int** [ ] {1, 2, 3, 4, 5, 6, 7}；是正确的，因为初始化数组内容后，系统就已经知道要分配多少空间给数组了。

数组的长度可以使用其 length 属性获取到，例如，

```
int [ ] b1 = int [ ]{1,2,3,4,5,6,7};
System.out.println(b1.length);
```

 注意

数组的长度是属性，String 的长度是 length( )。

创建数组时，必须指定数组的长度，而且一经定义就不允许改变。

7.4　数组间的赋值

在其他程序语言中，不可以将一个数组直接赋值给另一个数组；但在 Java 语言中，语法上是允许这样做的，不过得到的效果是两个数组引用指向同一块内存。Java 数组间的赋值原理如图 7-7 所示。

```
int[ ] ary1 = {2, 4, 6, 8, 10};
int[ ] ary2;
ary2 = ary1;   //允许这样赋值
```

由于在赋值过程中，两个数组同时指向一块内存，因此对其中一个数组的值进行修改后，另一个数组也会发生改变，以下示例中的代码就反映了这一内容。

【例 7-1】　声明两个整型的一维数组，并对第一个数组赋值，然后把第一个数组的值赋给第二个数组，再对数组的值进行修改，并观察两个数组的值的变化。

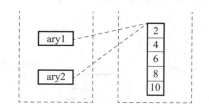

图 7-7　Java 数组间的赋值原理

```
public class ArrayDemo {
    public static void main(String[] args) {
        int [] ary1 = {2, 4, 6, 8, 10};   //声明并初始化数组1
        int [] ary2;    //声明数组2
        ary2 = ary1;    //将数组1赋值给数组2

        ary2[3] = 1024 ;   //通过数组2修改其中一个元素的值

        //输出数组1中的元素
        System.out.println("数组1中的元素:");
        for (int i = 0; i < ary1.length; i ++) {
            System.out.println(ary1[i]);
        }

        //输出数组2中的元素
        System.out.println("数组2中的元素:");
        for (int i = 0; i < ary2.length; i ++) {
            System.out.println(ary2[i]);
        }
    }
}
```

7.5 数组及数组元素的特点

前面说过，我们可以把数组看成由众多变量按照线性顺序组合而成的新容器。这些构成数组的变量在数组中都有一个新的名字——数组元素。数组和数组元素有着以下定义特点：

（1）所有的数组元素都使用数组名来作为集体标识。

例如，int a[];

a 就是数组名，也是所有数组元素的共享名。

（2）同一个数组中的数组元素使用数组名＋索引下标来区分，索引存放从 0 开始的整数，最后一个数组元素的索引下标为数组长度减 1 。

例如，int a[] = int[3];

数组元素共有 3 个，分别为 a[0]、a[1]、a[2]。

（3）所有的数组元素都只能存储同一类型的数组，而存储类型就是数组定义的类型。

例如，int a[] = int[3];

      a[0] = 10;   正确

      a[1] = 25;   正确

      a[2] = 'Java';   错误

      a[2] = 33.05;   错误

7.6 对数组元素的访问

数组的元素是通过索引访问的。数组索引从 0 开始，所以索引值从 0 到长度减一。
语法：

数组名字[索引]；

例如，a[2]；

 注意

(1) 数组的索引从 0 开始。
(2) 索引的数据类型是整型。
(3) 索引最大值比数组长度始终差 1。

【例 7 – 2】 首先声明了一个数组变量 myList，接着创建了一个包含 10 个 double 类型元素的数组，并且把它的引用赋值给 myList 变量。

代码如下：

```
public class TestArray {
    public static void main(String[] args) {
        //数组大小
        int size =10;
        //定义数组
        double [] myList = double [size];
        myList[0] =5.6;
        myList[1] =4.5;
        myList[2] =3.3;
        myList[3] =13.2;
        myList[4] =4.0;
        myList[5] =34.33;
        myList[6] =34.0;
        myList[7] =45.45;
        myList[8] =99.993;
        myList[9] =11123;

        //输出所有元素的值
        System.out.println(myList[0]);
        System.out.println(myList[1]);
        System.out.println(myList[2]);
```

```
    System.out.println(myList[3]);
    System.out.println(myList[4]);
    System.out.println(myList[5]);
    System.out.println(myList[6]);
    System.out.println(myList[7]);
    System.out.println(myList[8]);
    System.out.println(myList[9]);
  }
}
```

图 7-8 描绘了数组 myList。这里 myList 数组里有 10 个 double 元素，它的下标从 0 到 9。

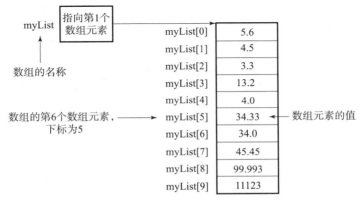

图 7-8　数组 **myList**

7.7　处理遍历

数组的元素类型和数组的大小都是确定的，在处理数组元素时，通常使用基本循环或者 foreach 循环。

【例 7-3】　用遍历方法展示如何创建、初始化和操纵数组。

代码如下：

```
public class ForArray {
    public static void main(String[] args) {
        double[] myList = {1.9, 2.9, 3.4, 3.5};
        for (int i = 0; i < myList.length; i++) {
            System.out.println(myList[i] + " ");
        }
        //输出所有数组元素
        double total = 0;
        for (int i = 0; i < myList.length; i++) {
```

```
        total += myList[i];
    }
    System.out.println("总和是:"+total);
    //计算所有元素的总和


    double max = myList[0];
    for(int i = 1; i < myList.length; i++) {
        if(myList[i] > max) {
            max = myList[i];
        }
    }
    //查找最大元素
    System.out.println("最大值是:"+max);
    }
}
```

运行结果如下:

1.9

2.9

3.4

3.5

总和是:11.7

最大值是:3.5

现在,JDK 1.5 引进了一种新的循环类型,称为 foreach 循环或者加强型循环,它能在不使用下标的情况下遍历数组。

【例7-4】 使用 foreach 循环编写代码来显示数组 myList 中的所有元素。

代码如下:

```
public class ForEachArray{
    public static void main(String[] args) {
        double[]myList = {1.9,2.9,3.4,3.5};
        for(double element: myList) {
            System.out.println(element);
        }
        //输出所有数组元素


    }
}
```

运行结果如下:

1. 9
2. 9
3. 4
3. 5

 注意

两种方式的迭代都可以,第二种在企业项目开发中较为常用。

7.8 数组的常见异常

1. 数组角标越界异常

【例 7 - 5】 Java 数组异常示例 1。
代码如下:

```
public class ExceptionArray01 {
    public static void main(String[] args) {
        int [] x = { 1, 2, 3 };
        System.out .println(x[3]);
    }
}
```

运行结果如下:

> Exception in thread "main"java. lang. ArrayIndexOutOfBoundsException: 3
> at edu. learn. TestArray. main(TestArray. java:6)

原因:长度为 3 的数组的最大下标为 2,x[3] 这个数组元素不存在。

2. 空指针异常

【例 7 - 6】 Java 数组异常示例 2。
代码如下:

```
public class ExceptionArray02 {
    public static void main(String[] args) {
        int [] x;
        x[0] =10;
    }
}
```

运行结果如下:

> Exception in thread "main" java. lang. NullPointerException
> at edu. learn. TestArray. main(TestArray. java:8)

原因：数组 x 没有指向的数组对象，也就是没有被分配内存空间。因此，x[0] 根本不存在。

7.9 数组的常见操作

数组是专门用来处理对大规模数据进行重复操作的一种数据结构，而大规模数据的处理在现代计算机算法中会经常使用，所以，关于数组的常见操作算法就变得很重要了。数组常见的操作有插入、删除、查找。

7.9.1 向已知数组插入一个值

【例 7 – 7】 已知有一个数组 int[ ] a = {44,53,26,7,99,0}，要在下标 2 的位置插入一个数 78。

$$44 \quad 53 \quad 26 \quad 7 \quad 99 \quad 0$$
$$\uparrow$$
$$78$$

解题思路：如果直接把 78 放到下标 2 的位置，那么 26 就会被覆盖，这肯定不是我们想要的结果。所以，在插入时，应做的第一件事其实是顺序移动数组里下标 2 到下标 4 这 3 个数据，a[4]→a[5]，a[3]→a[4]，a[2]→a[3]。用一个通项公式表达就是 a[i+1] = a[i]。完成这个过程之后，再把 78 放到下标 2 的位置。

代码如下：

```
public class InsertArray {
    public static void main( String args[]) {
        int arr = {44,53,26,7,99,0};
        System.out.println( "插入数据前的数组是:");
        for ( int i =0;i <6;i ++) {
            System.out.print( arr[i] + " ");
        }
        for ( int i =4;i >=2;i --) {   //i 的变化为 4,3,2
            arr[i +1] = arr[i];
        }
```

```
        //倒序移动数组里的元素,从4开始,移到2为止
        arr[2]=78;

        System.out.println("插入数据后的数组是:");
        for(int i=0;i<6;i++){
            System.out.print(arr[i]+" ");
        }
    }
}
```

运行结果如下:

插入数据前的数组是:
44　53　26　7　99　0
插入数据后的数组是:
44　53　78　26　7　99

7.9.2　从已知数组中删除一个数据

【例7-8】　已知一个数组 int[] a={44,53,26,7,99,0},需要删除下标为0的数据。

　　　44　　　53　　　26　　　7　　　99　　　0
　　　↓
　　删除

解题思路:我们要清楚一个概念,当要删除一个数组元素的时候,并不是将这个元素赋值为0,而是删除这个数据之后,我们把这个元素覆盖,并且后面的元素要依次往前移动。

代码如下:

```
public class DeleteArray {
    public static void main(String args[]){
        int[] arr={44,53,26,7,99,0};
        System.out.println("删除数据前的数组是:");
        for(int i=0;i<6;i++){
            System.out.print(arr[i]+" ");
        }
        for(int i=0;i<5;i++){   //i的变化为4,3,2
            arr[i]=arr[i+1];//1覆盖0,2覆盖1,以此类推
        }
        //顺序移动数组里的元素,从0开始,移到4为止
```

```
    System.out.println("删除数据后的数组是:");
    for(int i = 0;i < 6;i ++){
        System.out.print(arr[i] + " ");
    }
}
}
```

运行结果如下:

删除数据前的数组是:
44　53　26　7　99　0
删除数据后的数组是:
53　26　7　99　0　0

7.9.3　从已知数组中查找一个数,并返回其位置

【例7-9】　已知一个数组 int[] a = {44，53，26，7，99，0}，需要查找 26 的下标位置。

解题思路:使用顺查找法,从下标为 0 的位置开始进行比较这个值是否等于 26,直到找到 26 之后,输出它的下标位置。如果全部数据元素对比完毕都没有 26,就输出找不到 26 的信息。代码如下:

```java
public class FindArray {
    public static void main(String[] args) {
        int arr[] = {44,53,26,7,99,0};
        boolean find = false; //找到数字的状态,false 表示未找到
        for (int i = 0;i < arr.length;i ++) {
            if (arr[i] == 26) {
                System.out.println("第一个 26 所在的位置为" + i);
                find = true; //找到了,要把 find 的值改为 true
                break; //找到后就停止寻找
            }
        }
        if (find == false) System.out.println("数组中没有 26");
    }
}
```

运行结果如下:

第一个 26 所在的位置为 2

7.9.4　从一个数组取出最大值

针对数字型数组的查找，可以采用从数组中找最大值的算法。

【例7-10】　采用例7-9的数组，从中找出最大值。

$$44\quad 53\quad 26\quad 7\quad 99\quad 0$$

解题思路：声明一个临时变量 max，用它在存储每次两个数字比较后的较大值。首先把数组下标0的数赋值给 max，然后从下标1位置的数开始往后比较，只要找到比 max 大的数，就把 max 的当前值换了。这样，在把整个数组比较完毕之后，max 里存储的就是这个数组里最大的那个数。代码如下：

```
public class MaxArray {
    public static void main(String[] arr){
        int[] a ={44,53,26,7,99,0};
        int max = arr[0];
        //定义变量记录较大的值,初始化为数组中的第一个元素
        for (int x =1; x < arr.length; x ++){
        //循环从下标1开始,顺序处 max 比较
            if (arr[x] >max)
                max = arr[x];//如果比 max 的当前数大,就换
        }
        System.out.println( "数组 arr 里最大的数是:" +max);
    }
}
```

运行结果如下：

数组 arr 里最大的数是：99

7.9.5　对数组元素的直接排序

算法原理：假如数组长度为 n，那么从数组的第一个数组元素（即 i=0）开始，每次把该数组元素和剩下的 n-i 个数进行比较，把 n-i 次比较中最小的那个数交换到 i 的位置上，那么经过 n-i 次的最小值的插入，就能实现一个升序的排序队列。

【例7-11】　对一个已知数组中的值使用直接排序法按照从小到大的顺序进行排序。

代码如下：

```
/*
使用直接排序对数组进行排序
以一个角标的元素和其他元素进行比较
```

在内循环第一次结束,最值出现的头角标位置
```
*/
public class SortArray {
    public static void main(String[] args){
        int arr[] = {52,2,17,23,11,31,98,7,4,62};
        for (int x = 0; x < arr.length - 1; x ++){
            for (int y = x + 1; y < arr.length; y ++){
                //为什么 y 的初始化值是 x + 1?
                //因为每一次比较都用 x 下标上的元素和下一个元素进行比较
                if (arr[x] > arr[y]){
                    int temp = arr[x];
                    arr[x] = arr[y];
                    arr[y] = temp;
                }
            }
        }
    }
}
```

要彻底理解直接排序算法,可以从 n - i 趟直接插入过程来进行了解。

初始数据:　　52　 2　17　23　11　31　98　 7　 4　62

第一趟: x = 0　　2　52　17　23　11　31　98　 7　 4　62　　(9 次比较)

第二趟: x = 1　　2　 4　52　23　17　31　98　11　 7　62　　(8 次比较)

第三趟: x = 2　　2　 4　 7　52　23　31　98　17　11　62　　(7 次比较)

第四趟: x = 3　　2　 4　 7　11　52　31　98　23　17　62　　(6 次比较)

第五趟: x = 4　　2　 4　 7　11　17　52　98　31　23　62　　(5 次比较)

第六趟: x = 5　　2　 4　 7　11　17　23　98　52　31　62　　(4 次比较)

第七趟: x = 6　　2　 4　 7　11　17　23　31　98　52　62　　(3 次比较)

第八趟: x = 7　　2　 4　 7　11　17　23　31　52　98　62　　(2 次比较)

第九趟: x = 8　　2　 4　 7　11　17　23　31　52　62　98　　(1 次比较)

7.9.6　对数组元素的冒泡排序

算法原理:假如数组长度为 n,那么从数组的第一个数组元素开始,每次把该数组的前一个元素和后一个数组元素进行比较,如果前一个数组元素的值大于后一个,则将两个数组元素的值进行交换,那么经过 n - i 次两两比较后,最后一个数组元素的值就是本次比较出来的最大值(最大值总是像泡泡一样浮出到最上面),剩下的 n - i 个数则重新进行一次这样的两两比较。最终,经过 n - i 次求最大值,数组就完成了排序。

【例 7 - 12】　Java 数组冒泡排序示例。

代码如下:

```
/*
冒泡排序
比较方式:相邻两个元素进行比较。如果满足条件,就进行位置置换
原理:内循环结束一次,最值出现在尾下标位置
*/
public class BubbleSortArray {
public static void main(String [ ] args){
    int arr[ ] ={52,2,17,23,11,31,98,7,4,62};
    for (int x =0; x < arr.length -1; x ++){
        //x:让每次参与比较的元素值减1:避免下标越界
        for (int y =0; y < arr.length - x -1; y ++){
            if (arr[y] > arr[y +1]){
                int temp = arr[y];
                arr[y] = arr[y +1];
                arr[y +1] = temp;
            }
        }
    }
}
}
```

观察冒泡排序法 n - i 趟的比较最大值的过程。

	初始数据:	52	2	17	23	11	31	98	7	4	62	
第一趟:	x = 0	2	17	23	11	31	52	7	4	62	98	(9 次比较)
第二趟:	x = 1	2	17	11	23	31	7	4	52	62	98	(8 次比较)
第三趟:	x = 2	2	11	17	23	7	4	31	52	62	98	(7 次比较)
第四趟:	x = 3	2	11	17	7	4	23	31	52	62	98	(6 次比较)
第五趟:	x = 4	2	11	7	4	17	23	31	52	62	98	(5 次比较)
第六趟:	x = 5	2	7	4	11	17	23	31	52	62	98	(4 次比较)
第七趟:	x = 6	2	4	7	11	17	23	31	52	62	98	(3 次比较)
第八趟:	x = 7	2	4	7	11	17	23	31	52	62	98	(2 次比较)
第九趟:	x = 8	2	4	7	11	17	23	31	52	62	98	(1 次比较)

7.10 数组的维数

数组的维数指的是数组元素使用索引下标的数量。例如,a[0]、a[1] 的索引下标只有一个, 则 a[0]、a[1] 的维数是1;而 a[1][1]、a[2][5]由两个索引下标来表示数组元素,它们的维数是2。

7.10.1 一维数组的概念

如果数组中的每个元素都只带有一个下标，则称这样的数组为一维数组。

一维数组中的每个数组元素除了第一个和最后一个数组元素以外，其他每个数组元素都有一个前驱、一个后继。数组元素在逻辑结构上呈一条直线排列。如果把数组元素比作一个人，那么众多一维数组元素就以一行的方式进行座位排列。一维数组中数组元素的逻辑结构示意如图 7-9 所示。

只有行的概念

图 7-9   一维数组中数组元素的逻辑结构示意

一维数组的定义举例：

int a[ ] ＝ int ［3］；

举例中的数组元素为 a［0］、a［1］、a［2］。

7.10.2 二维数组的概念

如果数组中的每个元素都带有两个下标，则称这样的数组为二维数组。

二维数组中的每个数组元素的第一个下标可以看作数组元素所在的行，第二个下标可以看作数组元素所在的列。因此，所有的数组元素都可以看作按照行列排列的数组，就如同教室里桌椅的摆放方式一样。二维数组中数组元素的逻辑结构如图 7-10 所示。

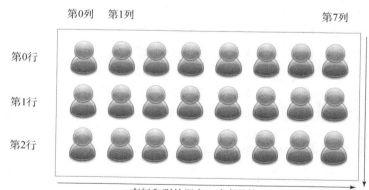

有行和列的概念，或者是第几行第几列

图 7-10   二维数组中数组元素的逻辑结构

二维数组的定义举例：

int a［］［］＝int［3］［8］；

举例中的数组元素为 a［0］［0］、a［0］［1］、a［0］［2］、…、a［2］［7］。

7.10.3 三维数组的概念

如果数组中每个元素都带有三个下标，则称这样的数组为三维数组。

在三维数组中，我们可以把数组的第一维看作层、第二维看作行、第三维看作列。于是，数组元素的排列具有了三维空间的概念。如果把数组元素比作一个人，数组元素在数组中的位置就如同这个人在一所大楼上坐在第几层楼、第几行、第几列。三维数组中数组元素的逻辑结构如图 7 - 11 所示。

图 7 - 11 三维数组中数组元素的逻辑结构

三维数组的定义举例：

int a[ ][ ][ ] = int[2][3][8];

举例中的数组元素为 a[0][0][0]、a[0][0][1]、…、a[1][2][7]。

依次类推，多维数组就是拥有多个下标定义的数组。

7.11 二 维 数 组

7.11.1 二维数组的定义

二维数组就是每个数组元素具有两个下标的数组。本质上是以数组作为数组元素的数组，即"数组的数组"。

二维数组是计算机程序中除了一维数组以外最常用的数组类型，它的作用体现在可以将数据按行列方式进行管理和存储，因此二维数组又称为矩阵。定义二维数组时，需要使用两个 [ ]，并在创建数组对象时指定每个维的大小，具体定义如下。

数据类型 [ ][ ] 数组名 = 数据类型[行数][列数]；

以下是定义一个 3 行 3 列，具有 9 个数组元素的二维数组：

int a[ ][ ] = int[3][3];

解析：二维数组 a 可以看成一个 3 行 3 列的数组，每个数组元素的下标如下：

$$a[0][0] \quad a[0][1] \quad a[0][2]$$
$$a[1][0] \quad a[1][1] \quad a[1][2]$$
$$a[2][0] \quad a[2][1] \quad a[2][2]$$

7.11.2　二维数组的赋值

二维数组的每个数组元素都具有两个索引下标。因此，在对二维数组中的每一个数组元素赋值时，必须使用a[行][列]来对数组元素进行引用，通常按照对行列数据的阅读习惯来引用。

【例7－13】　Java二维数组使用示例。

代码如下：

```java
public class TwoDimensionalArray {
    public static void main(String[] args) {
        int a[][] = int [3][3];
        a[0][0] =101;
        a[0][1] =102;
        a[0][2] =103;
        a[1][0] =104;
        a[1][1] =105;
        a[1][2] =103;
        a[2][0] =104;
        a[2][1] =105;
        a[2][2] =105;
    }
}
```

7.11.3　二维数组的初始化

二维数组也可以在创建数组对象时就对数组进行预设值的初始化操作。与一维数组初始化不同，二维数组初始化需要看作N个一维数组初始化赋值的集合，采用 {{}，{}，…，{}} 的初始化方式，举例如下：

```java
int a[][] = { {1,2,3},
              {4,5,6},
              {7,8,9} };
```

根据上述代码初始化后，a数组被定义为3行3列的二维数组，例如：

int a[][] = int[3][3];其中，a[0][0] = 1，a[0][1] = 2，a[0][2] = 3，a[1][0] = 4，a[1][1] = 5，a[1][2] = 6，a[2][0] = 7，a[2][1] = 8，a[2][2] = 9。

7.11.4 二维数组的遍历

一维数组元素由于使用一个索引下标，因此运用一个循环就可以轻松遍历数组中的每一个数组元素。二维数组由于有两个维度，每个数组元素都采用两个索引下标，因此二维数组的遍历需要使用内外嵌套的两个循环。根据循环嵌套的运行特点，使用外循环的计数器遍历第一维、内循环的计数器遍历第二维，通过循环嵌套来遍历二维数组。

【例7－14】 Java二维数组遍历示例。

代码如下：

```java
public class ErgodicTwoDimensionalArray {
    public static void main(String[] args) {
        //TODO Auto-generated method stub
        int    a[][]={{1,2,3},{4,5,6},{7,8,9}};

        for(int i=0;i<3;i++){
            for(int j=0;j<3;j++){
                System.out.print(a[i][j]+" ");
            }
            System.out.println();//每输入一行数组元素,换行
        }
    }
}
```

运行结果如下：

```
1 2 3
4 5 6
7 8 9
```

7.11.5 二维数组的应用

二维数组在计算机程序中得到了广泛应用。数学中的矩阵计算、生活中的各种平面数据都需要二维数组作为数据的存储结构。

【例7－15】 求解以下矩阵的和。

$$\begin{bmatrix} 4, & 5 \\ 1, & 0 \end{bmatrix} + \begin{bmatrix} 2, & 7 \\ 4, & 5 \end{bmatrix}$$

代码如下：

```
public class TwoDimensionalArrayUse {
    public static void main(String[] args) {
        //TODO Auto-generated method stub
        int a[][] = {{4,5},{1,0}};
        int b[][] = {{2,7},{4,5}};
        int sum[][] = new int[2][2];
        sum[0][0] = a[0][0] + b[0][0];
        sum[0][1] = a[0][1] + b[0][1];
        sum[1][0] = a[1][0] + b[1][0];
        sum[1][1] = a[1][1] + b[1][1];
        for (int i = 0; i < 2; i++) {
            for (int j = 0; j < 2; j++) {
                System.out.print(sum[i][j] + " ");
            }
            System.out.println();
        }
    }
}
```

运行结果如下：

6 12
5 5

另外，许多平面棋牌类游戏（如五子棋、象棋等）也是使用二维数组来代表棋盘上的网格以及棋子内容的。图7-12（a）所示是五子棋棋盘，我们可以采用9×9的二维数组来代表棋盘并存储黑白棋子。其中，0代表当前网格还没有下子，1代表黑棋子，2代表白棋子。

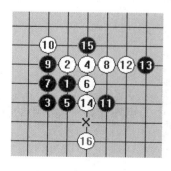

0	0	0	0	0	0	0	0	0
0	0	0	0	0	0	0	0	0
0	0	2	0	1	0	0	0	0
0	0	1	2	2	2	1	0	0
0	0	1	1	2	0	0	0	0
0	0	1	1	2	0	0	0	0
0	0	0	0	0	0	0	0	0
0	0	0	0	2	0	0	0	0
0	0	0	0	0	0	0	0	0

（a）　　　　　　　　　　　　（b）

图7-12　五子棋棋盘的二维数组存储方式

（a）五子棋棋盘；（b）二维数组的存储

7.12 Arrays 类

数组的操作总是比较烦琐和复杂，为了更加方便地利用数组进行操作，Java 提供了 Arrays 类。Arrays 类能方便地操作数组，它提供的所有方法都是静态的，具有以下功能：

（1）给数组赋值：通过 fill 方法对数组中的元素赋值。

（2）对数组排序：通过 sort 方法，按升序排列数组中的元素。

（3）比较数组：通过 equals 方法，比较数组中的元素的值是否相等。

（4）查找数组元素：通过 binarySearch 方法，对已经排序的数组进行二分查找法操作。

Arrays 类的方法及说明如表 7 - 1 所示。

表 7 - 1 Arrays 类的方法及说明

方法	说明
int binarySearch(Object[ ] a, Object key)	用二分查找算法在给定数组中搜索给定值的对象（byte，int，double 等）。数组在调用前必须已经排序好。如果查找值包含在数组中，则返回搜索键的索引；否则，返回 - 1 或 " - "（插入点）
boolean equals(long[ ] a, long[ ] a2)	如果两个指定的 long 型数组彼此相等，则返回 true。如果两个数组包含相同数量的元素，并且两个数组中的所有相应元素对都是相等的，则认为这两个数组是相等的。换句话说，如果两个数组以相同的顺序包含相同的元素，则两个数组是相等的。同样的方法适用于其他基本数据类型（byte、short、int 等）
void fill(int[ ] a, int val)	将指定的 int 值分配给指定 int 型数组指定范围中的每个元素。同样的方法适用于其他基本数据类型（byte、short、int 等）
void sort(Object[ ] a)	对指定对象数组根据其元素的自然顺序进行升序排列。同样的方法适用于其他基本数据类型（byte、short、int 等）

【例 7 - 16】 使用 Arrays 类实现对数组的快速数值填充、排序、比较和查找。

代码如下：

```
import java.util.Arrays;
public class TestArray {
    public static void main(String[] args) {
        int [] array = int [5];
        //填充数组
        Arrays.fill(array, 5);
        System.out.println("填充数组:Arrays.fill(array,5):");
        for (int i = 0; i < array.length; i ++) {
```

```
            System.out.print(array[i] + " ");
        }

    int [] array1 = { 7, 8, 3, 2, 12, 6, 3, 5, 4 };
    //对整个数组进行排序
    Arrays.sort(array1);
    System.out.println("对整个数组进行排序:Arrays.sort(array1):");
    for(int i = 0; i < array.length; i ++) {
            System.out.print(array[i] + " ");
        }
    //比较数组元素是否相等
    System.out.println("比较数组元素是否相等:Arrays.equals(array,
array1):" +"\n" + Arrays.equals(array, array1));

    //使用二分搜索算法查找指定元素所在的下标(必须是排序好的,否则结果不正确)
    System.out.println("元素3在array1中的位置:
Arrays.binarySearch(array1,3):" +"\n" + Arrays.binarySearch(array1,
3));
    }
}
```

运行结果如下:

填充数组:Arrays. fill(array,5):
5 5 5 5 5
对整个数组进行排序:Arrays. sort(array1):
2 3 4 5 6 7 8 12
比较数组元素是否相等. Arrays. equals(array,array1):
false
元素3在array1中的位置:Arrays. binarySearch(array1,3):
1

本章小结

　　本章介绍了一种复杂的数据结构类型——数组。通过学习数组,大家可以理解在程序中如何利用数组对同一数据类型的数据进行快速存储和使用,理解一维数组、二维数组、多维数组的概念、定义和遍历方法,并运用数组这种数据结构解决各种常见数字序列的算法问题。

复　习　题

1. 定义了 int arr[10] 之后，以下引用数组错误的是_____。

　A. a[10] = 10　　　　　　　　B. a[9] = 5 * 2

　C. a[9] = a[0] + a[3]　　　　　D. a[8] = 8

2. 引用数组元素时，数组下标可以是_____。

　A. 整型常量　　　　　　　　　B. 整型变量

　C. 结果为整型的表达式　　　　D. 以上全对

3. 下面正确的初始化语句是_____。

　A. char str[] = "hello";　　　　　　　B. char str[100] = "hello";

　C. char str[] = {'h','e','l','l','o'};　　D. char str[] = {'hello'};

4. 数组 a 第 3 个元素表示为_____。

　A. a[3]　　　　　　　　　　　B. a(3)

　C. a{2}　　　　　　　　　　　D. a[2]

5. 下列数组声明，下列表示错误的是_____。

　A. int[] a　　　　　　　　　　B. int a[]

　C. int[][] a　　　　　　　　　D. int [] a []

6. 当访问无效的数组下标时，会发生_____。

　A. 中止程序　　　　　　　　　B. 抛出异常

　C. 系统崩溃　　　　　　　　　D. 直接跳过

7. 下列语句会造成数组 int [10] 越界是_____。

　A. a[0] += 9;　　　　　　　　B. a[9] = 10;

　C. --a[9]　　　　　　　　　　D. for(int i = 0;i <= 10;i ++)　 a[i] ++;

8. 下列二维数组初始化语句中，正确的是_____。

　A. float b[2][2] = {0.1,0.2,0.3,0.4};

　B. int a[][] = {{1,2},{3,4}};

　C. int a[2][] = {{1,2},{3,4}};

　D. float a[2][2] = {0};

9. 执行完代码"int[] x = int[25];"后，以下_____说明是正确的。

　A. x[24] 为 0　　　　　　　　B. x[24] 未定义

　C. x[25] 为 0　　　　　　　　D. x[0] 为空

10. 下面是创建数组的正确语句_____。

　A. float f[][] = int[6][6];　　　　B. float f[] = float[6];

　C. float f[] = float[6][6];　　　　D. float f = float[6];

第 8 章

<<<<<<

函　数

知识要点

- ✔ 函数的概念和作用
- ✔ 函数的定义与调用
- ✔ 无参函数的定义和调用
- ✔ 有参函数的定义和调用
- ✔ 函数的形参和实参
- ✔ 函数参数的值传递和引用传递
- ✔ 函数的返回值
- ✔ 函数的嵌套/递归调用
- ✔ 运用函数使用分段方式对复杂问题进行设计与求解

问题引入

在计算机程序设计中，程序员往往会面对与以往相同或相似的问题，并需要对其进行再次程序设计和实现。重复的编码工作会使程序员逐渐失去对软件设计和程序编码的兴趣，使编码成为一件枯燥乏味的事情。另外，随着单个程序（或软件）所需解决的问题规模和数量不断增长，程序的可读性随之降低。于是，程序设计推出了函数，它既实现了相似问题编码的复用，又实现了源程序文件中程序编码的结构化设计模式。

8.1　由一道算数问题引起的代码冗余

【例 8-1】　求 $1 + 2^2/3 + 3^2/4 + 4^2/5 + \cdots + 99^2/100$ 的和。

这道题的形式很像例 6-5，不同之处在于本题中的分子需要计算平方。

代码如下：

```java
public class Function01{
    public static void main(String[] args) {
        double sum = 1;
        for(int i = 2,j = 3;i < 100;i ++ ,j ++){
            //i * i 就是计算 i 的平方
            sum + = (i * i) /j;
        }
        System.out.println(sum);


    }
}
```

上述代码似乎完美地解决了例 8 - 1 的求和问题。可是，如果对 i 的计算不是平方，而是任意次方呢？难道不断地修改这行代码中的"i * i"吗？

我们用函数来解决这个问题。

"求一个数的 N 次方"其实是一个相对独立的问题。所以，可以把"求 N 次方"分离出来，将其写成一个函数。

代码如下：

```java
/**
 * 求一个数的 N 次方
 * @param num 整型,被求 N 次方的数
 * @param n 整型,获得是几次方
 * @return 整数,num 的 n 次方的结果
 */
public static int power(int num,int n){
    int result = num;
    for(int i = 1;i < n;i ++){
        result * = num;
    }
    return result;
}
```

接下来，将原题中的"i 的 N 次方"部分用这个函数替换。

代码如下：

```java
public static void main(String[] args) {
    double sum = 1;
    for(int i = 2,j = 3;i < 100;i ++ ,j ++){
        //第一个参数传入 i,表示每次计算不同的数;第二个参数传入 2,表示计算平方
        sum += power(i,2) /j;
```

```
            }
    System.out.println(sum);
            }
```

这样修改后，即使需要计算 50 次方，也仅需要将 power( ) 函数的第二个参数修改为 50 就可以了，从而大大提高了代码的可维护性。

8.2　函数的概念和作用

8.2.1　函数的概念和作用

函数是具备特定功能的指令集，它可以在程序中被反复使用，既解决了重复性代码的问题，又提高了程序的利用性和可读性。

程序语言中的函数可以将一组指令集封装起来，在调用指令时，使用该函数的名字作为代表来请求封装在其中的指令集就可以了。

使用变量可以反复使用数据，使用函数可以反复使用指令集。

8.2.2　函数声明的语法

函数声明的语法格式如下：

返回值类型 函数名(形式参数) {

　　指令集(函数体)

}

1）返回值类型

返回值类型是函数指令集执行后的结果值的返回，可以将其看作函数对执行结果的输出。函数是可以没有输出的，如果没有输出，返回值类型就标记为 void。

2）函数名

函数名是函数的标识。函数名与变量名的定义规则一致，必须以小写字母开头。由于在程序中通常使用函数名来调用一个函数，所以函数名应该以其要实现的功能来命名，以便在调用时见名知义。

3）形式参数

形式参数简称形参，用于接收实际参数（简称实参）的值，供函数的指令集使用，函数可以没有形参。形式参数可以看作对函数的输入。形参必须写在一对小括号"( )"中，如果某个函数没有形参，则小括号内为空，但必须有小括号。

说明

返回值类型、函数名、形参合称函数头，是一个函数在声明时必须写的部分。

4）函数体

函数体由多条指令构成，通常能独立地实现程序的某个功能。函数体中的指令集必须用大括号"{}"包含。

8.3　函数的简单定义和应用

【例8-2】　　在银行的存款金额为170 000 元，假设每年的利率为5.9%，计算10 年后的本金加利息共有多少？

（1）用 main( )方法的形式来解决。代码如下：

```java
public class Function03{
    public static void main(String[] args) {
        double money =170000.0,interest =0.059;
        //声明变量保存本金和利率
        int years =10;
        for(int i =1;i <=years;i ++){
            //循环计算累加每年的利息
            money =money *(1 +interest);
        }
        System.out.println("170 000 元在10 年后的存款金额为" +money);
    }
}
```

如果在一个复杂的环境中（如在银行系统中），那么计算本金、利息的问题肯定会反复出现成百上千遍。如果每次都重写一遍代码，将既费时又费力。

（2）用定义函数的形式来解决。代码如下：

```java
/**
*函数名:caculatorBankMoney
*参数:无
*返回值:void 表示没有返回值
*/
    public static void caculatorBankMoeny(){
        double money =170000.0,interest =0.059;
```

```
    int years =10;
    for(int i =1;i < =years;i ++){
            money =money *(1 + interest);
    }
            System.out.println("170 000 元在 10 年后的存款金额为" +
money);
}
```

上述代码中有一个叫 caculatorBankMoeny 的函数。我们将该函数的代码与 main( )方法中的代码进行比较，发现是一样的。

对函数的使用称为函数的调用，在 main( )方法中调用 caculatorBankMoeny( )的写法类似如下代码：

```
public static void main(String[] args){
    caculatorBankMoeny();
}
```

我们可以看到，在调用函数的时候，只要输入函数名，并在其后加一对小括号"( )"就可以了。运行这个程序，结果与第一个程序是一致的。第二个程序的优点在于，如果需要在一个程序的很多地方计算利息，那么使用该函数名调用这个函数就够了，而不用每次都重写一遍计算的细节代码。此外，如果利率有变化，也只需修改 caculatorBankMoeny( ) 中 interest 变量的值，而不用对其他代码做任何修改，就可以应用新的利率了。

8.4　无参函数的定义和调用

无参函数就是函数在使用时不需要提供任何输入的函数，因此函数后的"( )"中没有任何参数的声明。

8.4.1　无参函数的定义

为了了解无参函数，我们要先完成一个功能——把华氏温度 97 度转换为摄氏温度。转换公式：℃ = (F − 32)/1.8。

代码如下：

```
public static void temperatureFToC(){
    int f =97;
    //存储华氏温度
    double c =(f -32)/1.8;
```

```
    //通过计算得到摄氏温度
    System.out.println("华氏 97 度对应摄氏" + c + "度");
    //直接输出
}
```

无参函数就是指小括号中没有参数声明的函数。这种函数没有输入，它依靠函数自身获取算法所需要的相关数据，并将结果在函数中使用 System.out.pirntln()进行输出。

8.4.2 无参函数的调用

只使用 "函数名();" 的方式就可以调用无参函数了，因为它不需要任何输入。

需要说明的是，在 Java 程序中，main()方法是唯一会被程序主动调用的函数（所以 main()方法又被称为程序的入口函数），而其他函数则不会被程序自动执行。一个函数被定义后，只有主动调用它，它才会被请求执行，否则它只能静静地等着被调用。所以，如果你希望一个函数被程序执行，那就必须调用它。下面是在 main()方法中调用无参函数的例子：

```
public static void main(String[]args){
    temperatureFToC ();
}
```

8.5 有参函数的定义和调用

8.3 节中关于银行计算存款利息的例子有一个缺陷，就是存款的金额是固定的，利率和年限也是固定的，这样每次算出来的本金与利息之和也会是固定的。可是，银行的每个客户的存款金额和存款年限是不一样的，利率虽然在一定时间内是固定的，但总会有所调整的。如果为每个客户计算本金与利息之和时都要修改函数内的存款值，那会是一件很麻烦的事情；如果针对每个客户都写一个函数，那又失去了函数的复用性，造成相同代码急剧膨胀。如何才能既提高利息计算算法的重用率，又保持算法的简单呢？

8.5.1 有参函数的定义

通过仔细观察和思考，我们会发现，虽然每个客户的存款金额不一样，利率和存款年限也会发生变化，但计算利息的算法却是固定不变的。所以，我们可以把两个变化的数据（存款，利率）从不变的利息算法中提出来，作为函数的参数。类似如下代码：

```
/**
* 有参无返回值的银行计算利息与本金的示例
```

```
 * @param money 本金,double 类型
 * @param interest 年利率,double 类型
 * @param years 存款年限,以年为单位,int 类型
 */
public void caculatorBankMoeny(double money,double interest,int
years){
    for(int i =1;i <=years;i ++){
        money =money *(1 + interest);
    }
    System.out.println(money +"元" +years +"年后的存款金额为" +money);
}
```

通过上述代码，我们可以看出在方法中定义的参数就是写在小括号里的数据类型和变量。在编写时，每个变量前必须声明数据类型，不能省略；参数可以是 0 个，也可以是多个；参数之间用逗号（,）分隔，最后一个参数的后面不能写逗号。

8.5.2 有参函数的调用

如前所述，一个函数只有被调用了，其代码才能得到执行，那有参无返回值的函数是如何调用的呢？看下面的例子：

```
public static void main(String[ ] args) {
    //有参函数需要传入实参
    //参数个数不能多,也不能少
    //数据类型要一一对应
    //参数意义要一一对应
    caculatorBankMoeny(170000.0,0.59,10);
}
```

有参函数在调用时传入的参数就是实参，它们是函数调用时给出的对应输入，它们必须是具体的值。

有参函数的调用与无参函数的调用的区别在于：有参函数需要传入实际参数（实参）。在传入参数时，要注意以下 3 条规则：

（1）实参的个数必须与函数定义时声明的参数数量一致。

（2）实参的数据类型必须与函数声明时参数的数据类型一致。

（3）实参的实际意义必须与函数声明时参数的实际意义一致。

8.6 带有返回值类型的函数定义和调用

虽然函数可以通过 println() 将结果显示在屏幕上，但函数的使用者并不能将屏幕上的

结果用变量保存下来做进一步加工。例如，前文的银行程序虽然已经计算出了本金和利息的和，但如果需要对这个数据做进一步加工和分析却无能为力了。

8.6.1　带有返回值类型的函数定义

能否将函数中的结果返回给使用者，让使用者通过变量来保存它的结果？函数是可以做到的！它可以使用参数来接收外部调用时的输入，也可以向外部调用处返回结果（输出）。我们来看例子：

```
public static double caculatorBankMoeny(double money,double inter-
est,int years){
    for(int i =1;i < =years;i ++){
        money =money * (1 + interest);
    }
    return money;
}
```

如果希望函数输出一个结果到函数的调用处，那么在函数声明时，就需要在函数头定义返回值类型。返回值类型的定义位于函数名的前面，与函数名之间要使用空格分开。函数可以返回任何数据类型，包括系统定义的基本类型、自定义的对象类型。一个函数只能定义一个返回值类型，也只能返回一个值（当然，这个值可以是包含很多值的数组对象）。

函数内返回值的实际返回需要用到关键字 return，当程序执行到 return 关键字时，函数将中断执行，返回到调用位置，并将跟在 return 关键字后面的变量值（或表达式的计算结果）输出到调用位置。需要注意的是，return 后面返回值的数据类型必须与函数头定义的返回值类型一致，否则会编译报错。

8.6.2　带有返回值类型的函数调用

带有参有返回值类型的函数如何调用呢？

我们还是在 main() 方法中完成有参有返回值函数的示例。如果要接收一个函数的返回值，首先必须声明一个与函数定义数据类型一致的变量，然后使用赋值号完成函数返回值保存到变量中的过程。

代码如下：

```
public static void main(String[] args) {
    //函数调用时,声明对应类型的变量接收返回值
double result =caculatorBankMoeny(170000.0,0.59,10);
}
```

8.7　函数的形参和实参

前面已经向大家介绍了形参和实参的概念，本小节对形参和实参做个小结。

1. 形参

形参被定义在函数名后的小括号里，每个形参都必须做完整的定义，不能使用简写的形式。例如，

正确的定义：void fun（int a，int b，double c）｛｝

错误的定义：void fun（int a，b，double c）｛｝

该错误的定义错在没有定义 b 的数据类型。即使 b 的数据类型与 a 的相同，也不能使用简写的形式。Java 要求在定义函数时，对每一个参数的定义都必须是独立的、完整的。这样，程序才知道第一个参数是 a，第二个参数是 b，而如果使用"int a，b"，则根据变量定义的规则，编译器并不能确定 a 和 b 的关系，所以对于这样的定义，编译器会报错。

2. 实参

实参是在调用时给函数传入的参数，实参必须与形参在类型、数量、顺序上保持完全一致。如下面的例子：

定义：void fun（int a，double b，char c）｛｝

正确的调用：fun（5，14.5，'1'）;

错误的调用1：fun（14.5，'1'，5）; //类型顺序不一致

错误的调用2：fun（5，14.5）; //参数数量不一致

在错误的调用1中，实参的数量是对的，但是类型顺序不一致，导致编译器报错。报错内容如下：

```
fun(14.5,'1',5);
The methodfun(int,double,char) in the type test is not applicable
for the arguments (double,char,int)
```

该报错信息提示我们，方法 fun(int，double，char) 不能用错误的参数（double，char，int）去匹配调用。

在错误的调用2中，数量错误，导致编译器报错。报错内容如下：

```
fun(5,14.5);
The methodfun(int,double,char) in the type test is not applicable
for the arguments (int,double)
```

该报错信息提示我们，在数量上，实参调用和形参调用应保持一致。

因此，函数的调用必须保证在调用时的实参和函数定义的形参之间在数量、类型、顺序保持一一对应，这样才能让编译器找到对应的函数并进行调用执行。

函数的实参必须是实际的值，因此只要满足这个条件，就是正确的函数传参（传参就

是将函数调用时的实参的值传递给函数定义处的形参）。例如，

定义：void fun（int a，double b，char c）{ }

正确的调用1：fun（5，14.5，'1'）；//可以传常量

正确的调用2：int a = 5；double b = 14.5；char c = '1'；fun（a，b，c）；//可以传变量

正确的调用3：fun（5 * a，3 + b，'a'）；//可以传表达式

错误：int a = 5；double b；char c = '1'；fun（a，b，c）//b 没有初始化

实参可以是常量，也可以是变量，或者是一个表达式，只要类型相匹配，就可以进行传参。如果是变量，就要注意变量必须有值，没有值是不能传参的，编译器同样会报错。

形参和实参的关系可以理解为容器承载内容的无和有的关系。我们将形参看成没有水的空杯（形参只能是变量声明，不能有值），而函数是等待喝水的人，只有当人要喝水（函数调用）时，空杯就要变成装了水的杯子——实参（实参必须有值），这样，通过函数体声明（使用形参），到函数体调用（使用实参），就完成了容器的使用（人喝上了水）。因此，只有函数调用者才能决定函数能通过形参获得什么样的值。

8.8　函数参数的值传递和引用传递

当实参是一个装着实际数据的变量，把实参里的值传递给形参时，如果形参对值进行了修改，那么实参里的值会受到影响吗？

事实上，实参到形参的值传递分为两种情况：如果值为基本数据类型，则进行值传递后，形参得到的是实参的复制，这时对形参的任何修改都不影响实参；如果值为对象类型，则进行值传递后，形参得到的是实参的引用，这时对形参的任何修改都将影响实参。

8.8.1　函数参数的值传递

【例8-4】　声明两个变量并赋予初值，用值传递的方式将这两个变量的值传递进函数中进行交换。观察原变量的值是否被交换，根据结果对值传递的特点进行总结。

代码如下：

```
public class Function04{
    public static void transValue(int a,int b){
        int c;
        //在函数里进行了两数交换
        c = a;a = b;b = c;
    }

    public static void main(String[] args){
```

```
        int m = 5, n = 10;
        System.out.println("函数调用前:m = " + m + ",n = " + n);
        transValue(m,n);
        System.out.println("函数调用后:m = " + m + ",n = " + n);
    }
}
```

运行结果如下:

函数调用前:m = 5,n = 10
函数调用后:m = 5,n = 10

可以看出,在函数调用的前后,m 和 n 的值并没有发生变化。

在例 8-4 中,由于 m 和 n 的基本数据类型都是 int,所以它们只是将自身值复制后传递给了函数的 a 和 b。由于进行的是复制操作,所以 a 和 b 虽然进行了交换,却不会影响 m 和 n。

 注意

　　String 类型是比较特殊的,由于它经常被使用,而在使用过程中人们并不希望它被改变,所以 String 类型的实参不是按引用传递的,而是按值传递。

8.8.2 函数参数的引用传递

在 Java 程序中,所有的对象都是按引用进行传递的。在传递过程中,对象内部的属性值将会被更改。

【例 8-5】 定义一个长度为 2 的数组并赋予初值,用引用传递的方式将数组传递给函数,并让函数将这个数组中的两个数组元素的值进行交换。函数调用完成后,观察原数组中的值的改变,总结引用传递的特点。

代码如下:

```
public class Function05{
    public static void transArray(int[] b){
        for(int i = 0;i < b.length;i ++){
            //通过这个运算,b 数组中的值都变成原来的两倍
            b[i] = b[i] * 2;
        }
    }

    public static void main(String[] args) {
```

```
int[] a ={1,2,3};
System.out.println("函数调用前:");
for(int i =0;i <a.length;i ++){
    System.out.print("a["+i+"] = "+a[i]+"  ");
}
System.out.println();
transArray(a);
System.out.println("函数调用后:");
for(int i =0;i <a.length;i ++){
    System.out.print("a["+i+"] = "+a[i]+"  ");
}
}
}
```

可以看出，在函数调用后，数组 a 里的每个值都变成了原来的两倍。也就是说，对象类型的参数，如果它的内部值发生了改变，在函数的外部是可以看到的。

数组自己被传递给函数以后，会被函数内部的操作影响，出现值的变化。这就是引用传递带来的效果。

上述代码的运行结果是：

函数调用前：
a[0]=1 a[1]=2 a[2]=3
函数调用后：
a[0]=2 a[1]=4 a[2]=6

其实，引用传递的结果更符合我们的期望。例如，编写一个学生管理系统，在该系统中有一项修改学生信息的功能。这是一项很独立的功能，通常将其写成一个函数来处理。如果调用函数后，修改学生信息并不生效（无法在修改函数外部观察到），那么就不能把这一功能写成函数，只能把修改代码放到 main() 函数中，这样就会造成代码的复杂化。然而，对象类型是通过引用进行传递的，所以对调用函数的修改能在函数的外部生效。这样就能很容易地把各种独立的功能函数化，从而提高代码的重用性和效率。

8.9 函数的嵌套调用

8.9.1 函数的集中式调用

在定义函数后，需要在 main() 函数中通过定义的函数名对函数进行调用。函数执行的顺序由其在 main() 函数中调用的顺序决定。

【例 8-6】 定义四个函数，在 main() 函数中按顺序集中式调用，并观察结果。

代码如下：

```
public class Function06{
    static void fourth(){
        System.out.println("二月春风似剪刀");
    }
    static void third(){
        System.out.println("不知细叶谁裁出");
    }
    static void second(){
        System.out.println("万条垂下绿丝绦");
    }
    static void first(){
        System.out.println("碧玉妆成一树高");
    }
    public static void main(String[] args){
        first();//第一个调用
        second();//第二个调用
        third();//第三个调用
        fourth();//第四个调用
    }
}
```

在上述代码中，共有四个函数，分别是fourth()、third()、second() 和first()。它们的内容也很简单，每个函数输出一句唐诗。之后，在main() 函数中对这4个函数进行了调用。

在调用时应注意：该代码的函数调用顺序与函数定义顺序是相反的。因此，上述代码的运行结果如下：

碧玉妆成一树高
万条垂下绿丝绦
不知细叶谁裁出
二月春风似剪刀

从结果可以看出，程序的执行顺序与函数的调用顺序是相同的，所以首先调用first()函数，于是，第一行输出的是"碧玉妆成一树高"。

8.9.2 函数间的嵌套调用

在例8-6的代码里，main() 函数按顺序依次调用 first()、second()、third() 和 fourth()函数。那么，first() 函数能否调用 second() 函数呢？如果能调用，情况会怎样呢？

【例8-7】 定义四个函数,由 main( ) 函数开始,通过函数间彼此的嵌套调用来实现四个函数的顺序执行。

代码如下:

```
public class Function07 {
static void fourth(){
    System.out.println("二月春风似剪刀");
}
static void third(){
    System.out.println("不知细叶谁裁出");
    fourth();
}
static void second(){
    System.out.println("万条垂下绿丝绦");
    third();
}
static void first(){
    System.out.println("碧玉妆成一树高");
    second();
}
public static void main(String[] args){
    first();//第一个调用
}
}
```

在上述代码中,first( ) 函数调用了 second( ) 函数,second( ) 函数调用了 third( ) 函数,third( ) 函数调用了 fourth( ) 函数。在 main( ) 函数里,只调用了 first( ) 函数。上述代码的运行结果是:

碧玉妆成一树高
万条垂下绿丝绦
不知细叶谁裁出
二月春风似剪刀

可以看出,例8-7的输出结果与例8-6的输出结果是一致的。所以,我们可以得出结论,函数不仅可以被 main( ) 函数调用,而且可以被别的函数调用。函数嵌套调用就是在一个函数中调用另一个函数,用以完成第一个函数中的一个子任务。总的来说,就是一个函数需要另一个函数的帮助来完成自己的任务,这是一种问题规模的降解。降解就是把一个复杂问题拆分为多个简单函数来解决,以降低问题的复杂度,然后通过函数的调用将它们组合起来,最终解决复杂问题。

8.9.3 函数在嵌套调用时的执行顺序

由于函数可以被任意调用，所以弄清函数在嵌套调用时的执行顺序就很重要。函数在嵌套调用时，先转到调用的函数内执行函数内的逻辑代码，待执行完毕之后就返回函数调用的位置。例8-7的函数调用执行顺序如图8-1所示。

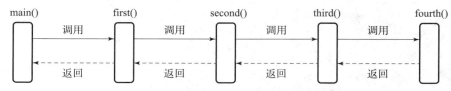

图 8 – 1　函数在嵌套调用时的执行顺序示意

main( ) 函数调用了 first( ) 函数，于是程序会转而执行 first( )，在输出第一句诗之后，first( ) 调用了 second( )，于是程序又转而执行 second( )，在输出第二句诗之后，second( ) 调用了 third( )……最后，当 fourth( ) 输出最后一句诗后，函数执行完毕，返回 third( ) 函数（调用位置），而 third( ) 函数在调用完 fourth( ) 后也结束了代码的执行，返回到它被调用的位置，即 second( ) 函数，…，最后，回到 main( ) 函数，程序结束。

8.9.4 函数嵌套调用的例子——求圆柱体的体积

【例 8 – 8】　用 Java 函数嵌套调用编写代码求圆柱体的体积。

要计算圆柱体的体积，需要先计算圆柱体的底圆面积，再用底圆面积乘以圆柱体的高。所以，我们可以利用函数分两个步骤来实现。第一步，编写计算底圆面积的函数；第二步，编写计算圆柱体体积的函数，在计算圆柱体体积的函数中调用计算底圆面积的函数以解决计算底圆面积的问题。最后，在 main( ) 函数中调用计算圆柱体积的函数，传递参数，并输出结果。

代码如下：

```java
public class Function08{
    public static double circleArea(double r){
        return 3.14 * r * r;
    }
    //计算底圆面积
    public static double circleVolumn(double r,double height){
        return circleArea(r) * height;
        //调用 circleArea()函数处理底圆面积,并计算体积,返回最终结果
    }
    //计算圆柱体的体积
    public static void main(String args[]){
        double r =3.5,height =16.8;
```

```
        double vol =circleVolumn(r,height);
        //调用 circleVolumn(),使用 vol 接收函数返回的体积结果
        System.out.println("圆柱体的体积是:"+vol);
    }
}
```

8.9.5　函数嵌套调用的例子——求三个数的最大值

【例 8-9】　求三个数的最大值。

我们可以将求 3 个数的最大值分解为 3 次求两个数的更大值，使用函数嵌套调用的方式来实现。

代码如下：

```
public class Function09{
    public static int max(int a,int b){
        return a >b? a:b;
    }
    public static void main(String[] args) {
        int a =7,b =9,c =5;
        System.out.println("7、9、5 中的最大数是" +max(max(a,b),max(a,c)));
    }
}
```

上述代码中的 max(max(a, b), max(a, c))即为函数嵌套调用，首先从 max（a, b）函数开始调用，在得到返回结果后，把返回值给外层的 max()函数；然后调用 max(a, c) 函数，把返回值给外层的 max()函数；最后调用外层的 max()函数，从而得到三个数中的最大值。

8.10　函数的递归调用

函数的递归调用就是函数自己调用自己用于解决自己的某项子任务，并反复调用，直到问题得到最终解决。

> **注意**
>
> 函数在每次调用自己时，必须使下一次待解决问题的规模比上一次要小。当递归到问题规模最小化时，就必须停止递归。

【例 8-10】　求 5 的阶乘（5!）。

一个正整数的阶乘是所有小于及等于该数的正整数的积。例如，5! = 5 ×4 ×3 ×2 ×1。

Java程序语言基础

递归求阶乘的结构示意如图 8 – 2 所示。

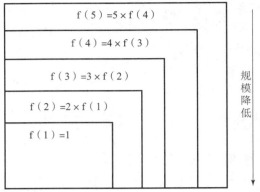

图 8 – 2　递归求阶乘的结构示意

代码如下：

```java
public class Function10{
    public static int factorial( int n){
        if(n ==1){
            //当 n 降到 1 时,停止递归,进行返回
            return n;
        }else{
            //当 n 还未降到 1 时,调用递归,并将 n 的值减少 1
            return n * factorial(n -1);
        }
    }
    public static void main(String[] args) {
        System.out.println("5 的阶乘是:" + factorial(5));
    }
}
```

本章小结

　　本章介绍了程序设计中的一个重要设计模式——函数。通过介绍函数的定义、调用、输入/输出等知识以及多种运用案例,本章展现了使用函数在程序中对相似问题的设计编码的复用,以及运用函数求解问题的结构化程序设计思想和方法。

复　习　题

1. 在函数定义时定义的参数叫作_____。

A. 形参　　　　　　　　　　　　　　　B. 值参

C. 动态参数 　　　　　　　　　　D. 不定参数

2. 在函数调用时传递的参数叫作_____。

A. 实参 　　　　　　　　　　　　B. 定参

C. 静态参数 　　　　　　　　　　D. 不定参数

3. 以下关于函数参数的说法，_____是正确的。

A. 函数的参数可以使用缩略写法 　　B. 必须为每个参数分别定义数据类型

C. 参数只要写在函数名的后面就可以 D. 参数必须写在大括号里

4. 以下关于参数传递的说法，_____是错误的。

A. 参数传递分为值传递和引用传递 　B. 基本类型都是值传递

C. 对象类型都是引用传递 　　　　　D. 值传递时，形参的改变不会影响实参

5. 以下关于参数传递的说法，_____是错误的。

A. 参数传递时必须保证参数的个数正确 B. 参数传递时必须保证数据类型一一对应

C. 参数传递时必须写明实参的数据类型 D. 参数传递时可以传递有值的变量

6. 以下关于函数返回值的说法，_____是错误的。

A. 返回值 void 表示函数没有值返回 　B. 函数的返回使用 return 关键字

C. return 关键字后跟需要返回的具体值 D. 函数可以任意返回，无须定义类型

7. 以下关于函数的说法，_____是正确的。

A. 函数就是完成特定功能的指令集 　B. 函数很复杂，应该少用

C. 函数必须声明形参，必须返回值 　D. 函数不能进行递归调用

8. 以下关于函数的说法，_____是错误的。

A. 函数可以没有参数，也可以无返回值 B. 函数的作用是提高代码的重用率

C. 函数的嵌套调用也叫递归调用 　　D. 函数执行完毕，返回到调用位置

9. 对函数 fn(int a, int b) 的正确的调用是_____

A. fn(3.0, 5.0); 　　　　　　　　B. fn(4.0);

C. fn(5, 4.0); 　　　　　　　　　D. fn(5 * 2, 9 - 1);

10. 以下是三个函数的定义

int fn1(int a){return a * 3;}

int fn2(int b){return b + 4;}

int fn3(int c){return c - 5;}

则调用 m = fn3(fn2(fn1(6))) 后，m 的值为_____。

A. 25 　　　　　　　　　　　　　B. 15

C. 17 　　　　　　　　　　　　　D. 14

11. fn(int a)

{a = a + 6;}

调用该函数的代码 int m = 5; fn(m); 后，m 的值为_____。

A. 5 　　　　　　　　　　　　　　B. 6

C. 11 　　　　　　　　　　　　　D. 以上答案都不对

12. fn(int a[ ])

{a[0] = a[1] + a[2];}

调用该函数的代码 "int [ ] m = {1, 2, 3}; fn (m);" 后，m[0] 的值为_____。

A. 1   B. 3

C. 5   D. 以上答案都不对

13. 以下函数返回值的类型应为_____。

_____ getCircleArea（float r）

{

double pi = 3. 14;

double area = 3. 14 * r * r;

System. out. println("半径为" + r + "的圆的面积为" + area);

}

A. int   B. float

C. double   D. void

第9章

银行储蓄账户管理子系统
综合项目案例

知识要点

✓ 基于函数的结构化程序设计思想和方法
✓ 项目级问题——银行储蓄账户管理子系统的需求说明
✓ 银行储蓄账户管理子系统的结构化程序设计方法
✓ 银行储蓄账户管理子系统的结构化程序实现

问题引入

前几章都是针对单个问题使用 Java 语言来进行设计和编码，而本章所面对的问题上升到了复杂的工程性问题——银行账户管理的问题，它需要实现储户账户的开户、销户、查询、存款、取款等一系列相关操作，而操作的数据也不仅仅是单一的整型数据或字符串数据。因此，前几章的基于具体问题进行具体分析设计的顺序、选择、循环程序结构已经不能较好地完成对这个问题的程序设计。我们需要另一种更加全面、宏观的程序设计思想和方法来完成本章所涉及案例的设计和实现。

9.1 高级语言的结构化程序设计思想和方法

如果计算机程序需要解决的问题由众多子问题构成，而各子问题既有其独立性，相互间又有协作的关系，那么，基于具体问题的步骤化、过程化的程序设计不仅不能快速准确地厘清问题间的关系和求解办法，反而会使问题的分析和程序设计越来越复杂，最终导致软件成本大幅上升，软件成功率大幅下降。因此，针对复杂问题的求解，软件工程领域发展出了两种程序设计的思想和方法：面向小型问题的结构化程序设计思想和方法、面向工程化问题的面向对象程序设计思想和方法（该设计思想在本书中不做介绍）。

9.1.1　结构化程序设计思想

结构化程序设计思想是软件发展的一个重要的里程碑。该思想的主要观点是采用自顶向下、逐步求精及模块化的程序设计方法，使用三种基本控制结构构造程序，任何程序都可由顺序、选择、循环三种基本控制结构构造。结构化程序设计思想强调的是程序的易读性。

9.1.2　结构化程序设计的步骤与方法

结构化程序设计的研究对象是数据（变量和数组）和数据加工的方法（函数）。因此，对复杂软件问题的结构化程序设计的步骤与方法如下：

步骤一：分析复杂问题中需要处理和计算的数据，并设计和定义存储该数据的数据类型和数据结构（变量或数组）。

步骤二：将复杂问题按照自顶向下、逐步求精的原则进行问题规模的任务细分，最终使每个细分任务所对应的问题都具有唯一性、确定性，且最小化。

步骤三：确定每个任务问题对应的输入数据和输出结果，并设计任务问题求解的过程和算法。

步骤四：分析和设计各任务之间的关系，可以通过各任务的输入数据及其输出结果之间的支撑和依赖关系，或使用函数的集中式调用，或使用嵌套调用的方式最终组装、串接，以完成最初复杂问题的求解方案。

9.2　银行储蓄账户管理子系统

银行储蓄账户管理子系统是一个使用计算机来实现储户账户的开户、销户、修改密码、查询账户、存款、取款等基本操作功能的小系统。

9.2.1　银行储蓄账户管理子系统的需求分析和设计

1. 系统操作使用者的分析

出于安全考虑，该系统的操作使用均由银行的柜台工作人员来完成，储户通过纸质申请单、现金、终端密码输入设备提供账户操作信息。

2. 系统操作业务流程分析与设计

需求分析通常是对复杂问题的过程化分析，我们可以使用流程图来对复杂问题的模块进行分析，从而明确地了解并设计出系统的功能模块及其操作流程。银行储蓄账户管理系统的业务流程如图 9-1 所示。

由图 9-1 可知，在储蓄账户登录前，系统能够实现的操作包括开户、登录账户、查询所有账户、退出系统的操作；当储蓄账户登录后，系统则可以拥有修改密码、查询个人账户、存款、取款、销户、退出账户等操作。

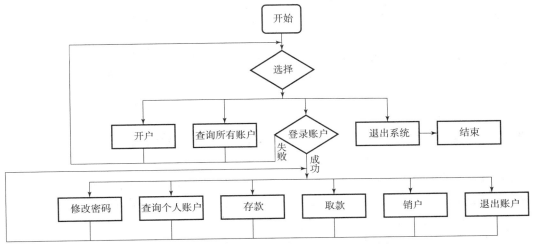

图9-1　银行储蓄账户管理系统的业务流程分析

9.2.2　系统操作业务功能模块分析与设计

　　根据对系统功能和操作流程的分析，使用结构化程序设计自顶向下、逐步求精的方法，将具体单个的功能模块提取出来，设计出银行储蓄管理系统的功能模块的结构化设计内容，如图9-2所示。

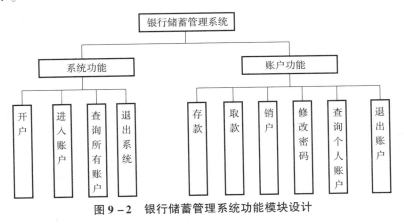

图9-2　银行储蓄管理系统功能模块设计

9.2.3　银行储蓄账户管理子系统的函数设计

　　按照以上所有最下层节点，定义出对应函数（"退出系统"和"退出账户"功能不用定义函数），以及作为程序发起者的主函数。函数分别为：

```
public static void main(String[] args) //主函数
public static void openAccount() //开户函数
```

```
public static void queryAllAccount()//查询所有账户信息函数
public static int entryAccount()//进入指定账户函数
public static void deposit()   //取款函数
public static void withdraw()//存款函数
public static void deposeAccount()//账户销户函数
public static void modifyPwd()  //修改储户的账户交易密码函数
public static void myaccount()//查询储户的个人账户信息函数
```

9.2.4　银行储蓄账户管理子系统的数据结构设计

结构化程序的设计思想研究的是数据和对数据进行处理的功能函数，因此，分析出系统所操作的数据，并采用合适的数据结构进行存储，是该系统设计和实现的第一要务。

表9-1是5个储蓄账户的模拟信息。

表 9-1　储蓄账户模拟信息

储户账号	001	002	003	004	005
储户姓名	李小鹏	胡雅琳	杜蝶雨	戴天乐	黄文彬
交易密码	111111	222222	333333	444444	55555
账户余额	1902.24	4287.56	10219.77	9262.57	142855.56

根据以上账户模拟数据，我们看到每个账户数据都由4个子数据项组成，它们的名称和对应的数据类型是：

储户账号码：String
储户姓名：String
交易密码：String
账户余额：double

由于银行要管理的账户很多，因此每一个账户的数据项都需要采用数组结构定义来进行存储。数组定义时必须指定固定长度，作为一个用于学习的小程序，我们将长度指定为100。各数据项的数组定义如下：

```
public static final int MAX = 100；  //设置数组的长度的常量
public static String id[] = String[MAX];//存储储户账号的数组
public static String realname[] = String[MAX];//存储储户姓名的数组
public static String pwd[] = String[MAX];//存储交易密码的数组
public static double balance[] = double[MAX];//存储账户余额的数组
public static intg_cur_id;//存储当前正在进行银行操作的储户账号数据所在数组中的索引
```

g_cur_id是一个int型变量，为了用户登录进入该用户的账户后能方便地对用户储蓄账户进行存款、取款、修改密码、销户、查询等操作，在设计时有必要保存用户账户在数组中的位置（索引号），而g_cur_id就是用于在用户登录后保留该索引的变量。

9.3　银行储蓄账户管理子系统的实现

经过结构化程序设计方法设计出了系统的数据和组成系统的各模块功能后，我们就可以将数据和模块功能对应的方法定义，然后按照先整合、再分步的顺序，从宏观到具体逐一实现。

9.3.1　银行储蓄账户管理子系统的项目文件结构

创建名为银行储户管理子系统的 Java 项目，接着创建 edu. learn 的包，在包中再创建一个名为 AccountManager 的类，项目结构如下：

```
▲ 🗁 银行储户管理子系统
    ▷ 🗁 JRE System Library [JavaSE-1.8]
    ▲ 🗁 src
        ▲ 🗁 edu.learn
            ▷ 🗋 AccountManager.java
```

图 9 – 3　银行储蓄账户管理子系统项目文件结构

9.3.2　银行储蓄账户管理子系统的储户数据数组及其功能函数的定义

按照结构化程序设计的思想，系统由数据和依赖这些数据实现的各种业务功能的函数组成。因此，存储数据和函数都将在项目中唯一的源程序文件中进行定义。定义顺序为用于存储账户数据的数组（或变量）、主函数，以及 10 个实现对应功能的函数，内容如下。

```
package edu.learn;
import java.util.Scanner;

/**
*银行储蓄账户管理子系统
*@ author Administrator
*
*/
public class AccountManager {

public static final int MAX =100;    //设置数组的长度的常量
public static String id [] = String[MAX ];//存储储户账号的数组
public static String realname [] = String[MAX ];//存储储户姓名的数组
public static String pwd [] = String[MAX ];//存储交易密码的数组
```

源文件前面定义用于存储账户数据的 4 个数组，以及一个用于记录当前正在操作的账户在数组中的索引位置的变量

```java
public static double balance[] = new double[MAX];//存储储户账户余额的
数组
public static int g_cur_id;//存储当前正在进行银行操作的储户账号数据所在
数组中的索引

    /**
    *主函数,用于启动管理子程序
    */
    public static void main(String[] args) {
        //调用 sysMenu()方法开启系统菜单
        sysMenu();
    }

    /**
    *系统菜单函数
    *提供系统菜单,并通过用户的输入进行菜单选择
    */
    public static void sysMenu() {}

    /**
    *银行账户开户函数
    */
    public static void openAccount() {}

    /**
    *查询所有账户信息函数
    */
    public static void queryAllAccount() {}

    /**
    *登录账户函数,主要功能为:通过账号和密码找到用户储蓄账户
    */
    public static void entryAccount() {}

    /**
    *提供账户菜单,并通过用户的输入进行菜单选择
    */
    public static void accountMenu() {}

    /**
```

系统运行从主函数开始,主函数通过调用系统菜单函数来开启系统的运行

定义 10 实现不同账户管理功能的函数,其中包括两个菜单函数

```
*提示用户输入存款金额,并重新修改存款金额
*/
public static void deposit() { }


/**
*根据用户输入的取款金额,修改当前账户的余额
*/
public static void withdraw() { }
/**
*提示用户输入并修改用户的登录密码
*/
public static void modifyPwd() { }


/**
*提供用户对自己账户进行查询
*/
public static void myaccount() { }


/**
*销毁当前用户账户,要求先检查账户余额是否为空,如果不为空就不能销毁
*/
public static boolean deposeAccount() { }

}
```

在这里，数组（或变量）应该定义在函数之外，这样对于所有函数而言，存储账户的数组和变量都是唯一的、全局的。因此，所有函数都可以直接使用数组或变量中的数据，且每个函数对数据的修改都将反应在其他函数上，这就使所有函数的业务操作都能围绕同一个数据实现集中式的功能业务，使得数据和函数能真正成为一个完整的系统。

9.3.3　系统菜单的程序设计和运行效果

系统菜单包括"1 存折开户""2 登录账户""3 查看所有账户""0 退出系统"等四个菜单项。首先输出菜单提示，然后根据用户输入的数字，利用 switch 语句进行选择跳转到对应的函数中进行调用执行。整个过程嵌套在一个 do…while 循环中，只要用户不选择输入 0，循环就一直执行（系统运行）。当用户选择输入 0 时，退出循环，系统终止。

代码如下：

```
/**
 * 系统菜单函数
 * 提供系统菜单,并通过用户的输入进行菜单选择
 * /
public static void sysMenu() //系统菜单函数
    int input;//存储用户输入的菜单号
    Scanner in = Scanner(System.in);
    do {
        System.out.println(" ******************** 系统操作 *****************
****** ");
        System.out.println("1 存折开户  2 登录账户  3 查看所有账户   0
退出系统");
        System.out.println(" *********************************************
****** ");
        System.out.println("选择操作    ");
        input = in.nextInt();
        switch(input){
        case 1:openAccount();break ;   //开户
        case 2:entryAccount();break ;   //登录进入账户
        case 3:queryAllAccount();break ;   //查看所有账户
        case 0:break ;   //退出系统
        default : System.out.println("输入有误");break ;
        }
    }while(input! =0);

    System.out.println("系统结束,欢迎下次使用。再见!");
}
```

运行结果如下:

```
******************** 系统操作 ********************
1 存折开户  2 登录账户  3 查看所有账户   0 退出系统
*************************************************
选择操作
1
```

9.3.4　账户开户函数的程序设计和运行效果

账户开户就是在账户数组中添加一个用户账户数据,账户数据包含储户账号、储户姓名、交易密码、账户金额。程序提示操作者输入开户数据,并遍历数组找到第一个没有使用的数组元素,将账户数据添加到这个数组元素中。

```
/**
 * 银行账户开户函数
 */
public static void openAccount() {
    //定义用户输入的账户信息变量
    String newid,newName,newPwd;
    double newBalance;
    //输入账户信息
    Scanner in = Scanner(System.in);
    System.out.println("请输入账户账号　");
    newid = in.next();
    System.out.println("请输入姓名　");
    newName = in.next();
    System.out.println("请输入交易密码　");
    newPwd = in.next();
    System.out.println("请输入预存金额　");
    newBalance = in.nextInt();

    //将开户过程中获得的账号、姓名、交易密码和余额添加到4个账户信息数组的末尾
    for(int i = 0;i < id.length;i ++){
        if(id[i] == null)  //通过判断id[i]为空来找到数组末尾

            id[i] = newid;
            realname[i] = newName;
            pwd[i] = newPwd;
            balance[i] = newBalance;
            System.out.println("开户完成");
            break;

    }
}
```

运行结果如下:

请输入账号
001
请输入姓名
张锦盛
请输入交易密码
123
请输入预存金额
100.00

开户完成

9.3.5 其他功能模块的设计及运行效果

1. 查看所有账户函数的设计运行效果

储户账号	储户姓名	存款余额
001	张锦盛	100.00

2. 登录账户函数的设计运行效果

请输入账号
001
请输入账户交易密码
123

储户账号	储户姓名	存款余额
001	张锦盛	100.00

3. 账户菜单函数的设计运行效果

************************* 账户操作 *************************
1 账户存款　2 账户取款　3 账户销户　4 修改密码　5 我的账户　6 退出账户

4. 存款函数的设计运行效果

输入存入金额
500.00

本次存款后的账户余额为 600.00 元

5. 取款函数的设计运行效果

输入取款金额
600.00

本次取款后的账户余额为 0.00 元

6. 修改账户密码函数的设计运行效果

请输入新的账户密码
456

请再次输入新的账户密码

456

新的账户密码修改成功并生效

7. 账户信息查看函数的设计运行效果

储户账号	储户姓名	账户密码	账户余额
001	张锦盛	456	0.00

8. 销户函数的设计运行效果

删除当前账户信息

账户 001 销户操作成功，系统将返回到上一层系统菜单中。

******************** 系统操作 ********************

1 存折开户 2 登录账户 3 查看所有账户 0 退出系统

****

选择操作

返回系统菜单

本章小结

　　本章基于一个包含复杂数据以及对这些数据的复杂操作的综合项目问题（银行账户管理），综合运用了前面章节介绍的 Java 语言以及针对小型项目问题使用结构化程序设计方法，对该项目问题进行了分析、设计和程序编码的实现，有助于大家全面、综合地认识和掌握高级语言程序设计的方法、过程和技巧。

复 习 题

1. 结构化程序设计研究的是问题领域的_____和_____，其对应的程序结构是_____和_____。

A. 判断　重复　选择　循环　　　　　B. 过程　范围　函数　类

C. 数据　数据加工方法　变量　函数　　D. 设计　实现　定义　编码

2. 结构化程序设计的方法是_____。

A. 自底向上、分部整合　　　　　　　B. 自顶向下、逐步求精

C. 自顶向下、化整为零　　　　　　　D. 自底向上、分层实现

3. 结构化程序设计强调的是程序的_____。

A. 易读性　　　　　　　　　　　　　B. 可靠性

C. 效率性　　　　　　　　　　　　　D. 正确性

4. 结构化程序设计中，函数的设计必须遵从_____。

A. 正确性、可靠性   B. 唯一性、确定性

C. 有穷性、可行性   D. 以上所有选项不正确

5. 结构化程序设计中一个软件项目是由众多实现单一功能的函数组成，而函数的调用以及软件系统的启动必须从_____开始。

上 机 部 分

第1章

程序设计及 Java 语言

上机目标

➢ 理解 Java 程序的结构特点
➢ 理解 Java 虚拟机（JVM）
➢ 理解 Java 程序的运行环境
➢ 理解 Java 程序的结构
➢ 理解 Java 源程序文件的命名特点
➢ 理解 Java 程序的编译和运行特点
➢ 学习在记事本和 DOS 命令行下编写、编译和运行 Java 程序
➢ 学习在 Eclipse 中编写、编译和运行 Java 程序

指导练习 1.1　Java 运行环境安装、Java 程序的编译和运行

练习 1.1.1　安装 JDK 开发包

大家在 Oracle 官方网站的下载区（https://www.oracle.com/cn/downloads/index.html）下载安装文件。其中，jdk-8u45-windows-x64.exe 是对应 Windows 64 位操作系统的 JDK 版本，jdk-8u45-windows-i586.exe 是对应 Windows 32 位操作系统的 JDK 版本。

双击安装文件，根据提示，完成 JDK 和 JRE 的安装。本书将安装路径采用默认路径，即 C:\Program Files\Java\jdk1.8.0_45\，如题图 1-1 所示。

安装成功后，安装路径下出现如题图 1-2 所示的目录结构。

打开 jdk1.8.0_45 文件夹，我们会看到如题图 1-3 所示的目录结构。其中，bin 包含用于编译、运行 java 程序的各种命令应用程序，lib 包含有编写 java 程序所需要用到的各种类库。

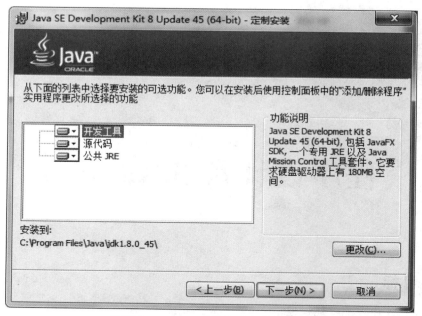

题图 1-1　JDK 功能和路径选择界面

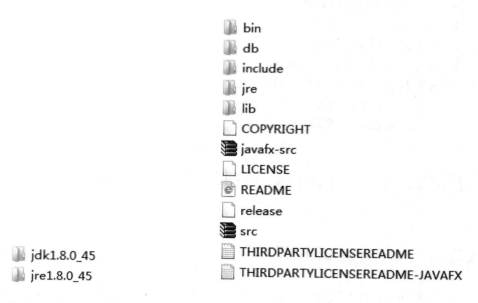

題图 1-2　JDK 与 JRE 目录结构　　　　題图 1-3　JDK 安装完成后的目录结构

练习 1.1.2　将 JDK 路径设置到计算机的环境变量中

1. 创建 JAVA_HOME 变量。

右键单击计算机图标，在弹出的菜单中选择"属性"，再在依次弹出的窗中选择"高级系统设置"→"高级"→"环境变量"，在"系统变量"窗口中选择"新建"按钮，添加一个名为JAVA_HOME的环境变量，其变量值为JDK的安装路径，如题图1-4所示。

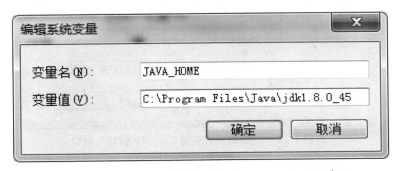

题图1-4　"编辑系统变量"的"JAVA_HOME"窗口

添加该变量后的"环境变量"窗口如题图1-5所示。

题图1-5　"环境变量"窗口

2. 添加PATH变量。

在"系统变量"列表中找到PATH变量，将JDK的bin目录路径添加到该变量中，让系统可以随时随地找到该目录中的命令来编译运行Java程序。由于已经将JAVA_HOME变量来定义出了JDK路径，因此，借助该变量，在"编辑系统变量"窗口将PATH变量的变量值（即路径）定义为%JAVA_HOME% \bin，如题图1-6所示。

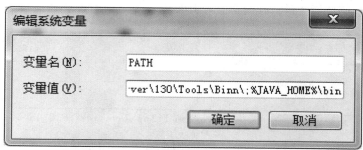

题图1-6 "编辑系统变量"的"PATH"窗口

注意

> 在定义该路径时，前面一定要用分号（；）与前面的内容进行分隔。

3. 添加 ClASSPATH 变量。

如题图1-7所示，在"系统变量"列表中找到 CLASSPATH 变量（如果没有，就创建该变量），将 java 程序运行所必需的类库包 dt.jar 和 tools.jar 添加到该变量中。添加内容为：
.;%JAVA_HOME%\lib\dt.jar;%JAVA_HOME%\lib\tools.jar

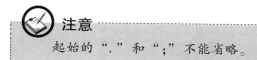注意

> 起始的"."和"；"不能省略。

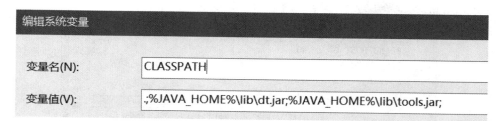

题图1-7 "编辑系统变量"的"CLASSPATH"窗口

4. 检查环境变量是否配置成功。

打开 DOS 命令窗口，输入 javac 命令，回车。如果出现如题图1-8所示的命令解释，则认为已经设置成功了。

练习1.1.3 在记事本中编写第一个 Java 应用程序

1. 使用写字板编写第一个 Java 程序。

在 D 盘创建一个名为 javacode 的目录，用于存放 java 源程序文件。为了区分不同章节的

程序文件，在此目录下创建 ch01 的子目录。

```
管理员: C:\Windows\system32\cmd.exe

Microsoft Windows [版本 6.1.7601]
版权所有 (c) 2009 Microsoft Corporation。保留所有权利。

C:\Users\Administrator>javac
用法: javac <options> <source files>
其中，可能的选项包括:
  -g                         生成所有调试信息
  -g:none                    不生成任何调试信息
  -g:{lines,vars,source}     只生成某些调试信息
  -nowarn                    不生成任何警告
  -verbose                   输出有关编译器正在执行的操作的消息
  -deprecation               输出使用已过时的 API 的源位置
  -classpath <路径>          指定查找用户类文件和注释处理程序的位置
  -cp <路径>                 指定查找用户类文件和注释处理程序的位置
  -sourcepath <路径>         指定查找输入源文件的位置
  -bootclasspath <路径>      覆盖引导类文件的位置
  -extdirs <目录>            覆盖所安装扩展的位置
  -endorseddirs <目录>       覆盖签名的标准路径的位置
  -proc:{none,only}          控制是否执行注释处理和/或编译。
  -processor <class1>[,<class2>,<class3>...] 要运行的注释处理程序的名称；绕过默
认的搜索进程
  -processorpath <路径>      指定查找注释处理程序的位置
  -parameters                生成元数据以用于方法参数的反射
  -d <目录>                  指定放置生成的类文件的位置
  -s <目录>                  指定放置生成的源文件的位置
```

题图 1-8　运行 javac 命令

在一个记事本空文档中输入以下框中的内容:

(1)
```
/**
 *   HelloWorld
 *   在输出窗口显示"Hello World!"
 */
```
(2)→ `public class HelloWorld{`
(3)→ `  public static void main(String[] args){`
`    //在屏幕上输出 "Hello World!"`
(4)→ `    for( int i = 0; i < 10; i ++ ){`
(5)→ `      System.out.println( "Hello World!" );`
`    }`
`  }`
`}`

说明

(1)"/*…*/"部分是代码注释部分。这部分不被编译，可以编写在 Java 程序中的任何位置。

(2)类的定义。Java 程序必须放在一个类结构定义中。类使用 class 关键字定义，是 Java 程序最外层的结构，可以装载变量和函数。如果类中包含有 main() 函数，则该类是 Java 程序的主类，其访问权限必须是 public（公有）的。

（3）函数的定义。函数是 Java 程序指令（集）的执行载体。也就是说，没有函数结构，就不能放置 Java 程序的执行代码。

main（）函数是 Java 程序中最重要的函数，作为程序代码执行的引导者，main（）函数必须是唯一的，且类型必须被声明为 public、static（静态）。main（）函数有一个执行参数（即 string 类型的数组），可以接收来自命令行的字符串。

（4）这是一个循环语句，计数器 i 从 0 到 9 递增，因此循环控制||里的语句执行 10 次。

（5）这是一个输出语句，Java 程序的文本输出使用的是 System 类中的 out 对象中的 println（）方法，作用是向显示器输出方法参数中的字符串内容。

2. 将源程序另存为源程序文件。

在 d：\javacode\ch01 目录下，将文件另存为文件名是"HelloWorld. java"的 java 源程序文件。

注意

java 的源程序文件名有个简单的特点，就是一定要和包含有 main（）方法的类结构的类名一致（大小写也必须一致），否则不能运行。如果文件中没有出现 main（）方法，则可以随便给文件名命名，但是扩展名必须是 . java。

3. 源程序文件的编译（命令行方式）。

单击"开始"→"运行"，输入"cmd"，按回车键，进入 DOS 命令行状态，按照以下命令进入"D：\javacode\ch01 >"目录。

C：\Users\Administrator > d：

D：\ > cd javacode

D：\javacode > cd ch01

D：\javacode\ch01 >

Java 的源程序文件编译命令是"javac"，在编译时，该命令的后面需要接完整的源程序文件名称，因此编译 HelloWorld. java 的命令如下：

```
javac HelloWorld.java
```

如果没有出现错误提示，编译就完成了，再次打开"D：\javacode\ch01 >"目录，会发现在该目录中多了一个扩展名为 . class 的文件。其文件名与源程序文件名同名，即 HelloWorld. class，该文件又称为字节码文件。

4. 字节码文件的运行。

字节码文件不能像可执行文件（扩展名为 . exe 的文件）那样在操作系统中直接运行，必须依赖 Java 虚拟机（JVM）进行解释执行。解释执行命令为 java，命令后面接字节码文件的文件名（不要加文件扩展名），如下所示：

```
Java HelloWorld
```

 说明

　　HelloWorld 既可以理解为字节码文件名，又可以理解为主类类名，因为只有带有main()的主类类名的文件才能被执行。

运行结果：

Hello World

练习1.1.4　简单的加法程序

重新打开一个文档，编写下列程序：

```java
/**
 @ (#)AddCaculator.java
 练习使用程序计算简单的加法
 */

public class AddCaculator {

    public static void main(String[] args) {
        int a;//创建一个存储整型数值的变量a
        a =10 + 3;//为变量a赋予10 +3 的结果值
        System. out.println(a);//输出变量a的值

    }
}
```

（1）将文件保存在 ch01 目录中，并另存为 AddCaculator. java。
（2）使用 javac 命令编译 AddCaculator. java，并得到 AddCaculator. class。
（3）使用 java 命令运行 AddCaculator. class 文件，并观察结果。

练习1.1.5　学习从命令行接收参数

Java 应用程序能接收来自命令行的参数。
根据练习1.1.4，重新创建一个文档，输入以下代码：

```java
/**
 * @ (#)JavaParam.java
 *学习从命令行接收参数
```

```
    */

public class JavaParam {

    public static void main(String[] args) {
        for( int i = 0 ; i < args.length ; i ++ ){
            System.out.print(args[i] + " ");
        }
    }
}
```

 注意

args.length 可以获得给字符串数组的长度。

（1）把文件保存在 d:\javacode\ch01 中，文件名为 JavaParam.java。

（2）在 DOS 命令行方式下，进入 "d:\javacode\ch01 >" 目录，输入编译命令将源程序文件编译为字节码文件。

```
javac JavaParam.java
```

（3）运行该文件。输入运行命令，同时在类名后面紧跟参数，每个参数之间用空格隔开，如下所示：

```
java JavaParam one two three four five six seven eight nine ten
```

运行结果为：

one two three four five six seven eight nine ten

作业练习 1.1

使用记事本编写一个 Java 应用程序，在命令行方式下输出以下信息：

****
欢迎进入 Java 的世界
****

上机指导 1.2　基于 Eclipse 开发环境的 Java 程序的编写、编译和运行

练习 1.2.1　Eclipse 开发工具的下载和安装

在 Eclipse 下载页面（https://www.eclipse.org/downloads/eclipse-packages/）下载最新版本的 Eclipse 开发工具，如题图 1-9 所示。注意根据操作系统来选择下载 32 位还是 64 位的 IDE。

题图 1-9　Eclipse 开发工具的下载页面

将下载得到的 Eclipse 工具压缩包解压，打开解压文件目录（目录结构如题图 1-10 所示）。

configuration	2017-7-29 22:17	文件夹
dropins	2017-6-20 14:02	文件夹
features	2017-6-20 14:02	文件夹
p2	2017-7-29 22:18	文件夹
plugins	2017-6-20 14:02	文件夹
readme	2017-6-20 14:02	文件夹
.eclipseproduct	2016-6-29 8:07	ECLIPSEPRODUC...
artifacts	2017-6-20 14:02	XML 文档
eclipse	2017-6-20 14:04	应用程序
eclipse	2017-7-29 22:04	配置设置
eclipsec	2017-6-20 14:04	应用程序

题图 1-10　Eclipse 解压后的目录结构

Java程序语言基础

启动 Eclipse 开发工具，指定 Java 程序文件放置的工作空间（Workspace）。在这里，将其指定放置到 d：\eclipse-workspace，如题图 1 – 11 所示。

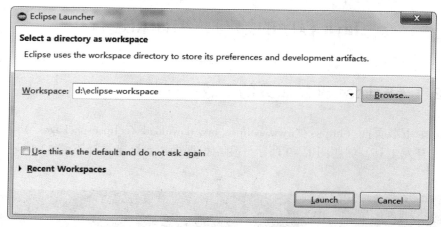

题图 1 – 11　Eclipse 启动时选择工作目录窗口

完成启动后，进入 Eclipse 的开发界面，如题图 1 – 12 所示。

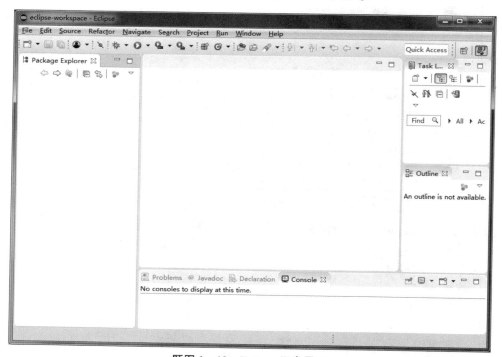

题图 1 – 12　Eclipse 开发界面

练习 1.2.2　使用 Eclipse 编写和运行 Java 程序

1. 在 Eclipse 中创建一个 Java 项目。

单击 "File" → "New" → "Java Project"，新建一个 Java 项目，界面如题图 1 – 13 所示。

题图 1 – 13　Eclipse 新建 Java 项目界面

注意

Eclipse 作为可供开发企业级 Java 项目的 IDE，它要求所有 Java 程序必须在 Java 项目的管理下才能进行编辑、编译和运行。

输入 Java Project 项目名"Char01"，如题图 1 – 14 所示。

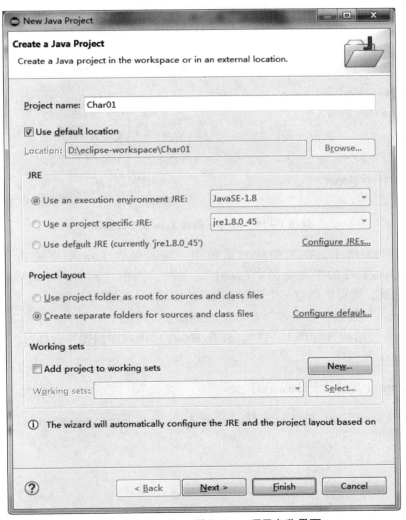

题图 1 – 14　Eclipse 输入 Java 项目名称界面

单击"Finish"按钮，就完成了名为 Char01 的 Java 项目的创建。

此时，在 Eclipse 界面中，左边的项目视图中看到一个名为 Char01 的项目，如题图 1 – 15 所示。其中，JRE System Library 为该项目所依赖的 JDK 版本，src 是该项目中所有 Java 程序文件放置的目录。本书涉及的所有 Java 程序都在 src 中进行创建和编写。

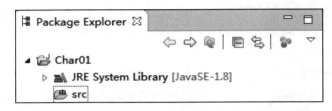

题图 1 – 15　Eclipse 创建 Java 类根目录界面

2. 在 Eclipse 中创建一个 Java 类。

右键单击"src"目录，在弹出的菜单中选择"New"→"Class"，如题图 1 – 16 所示。

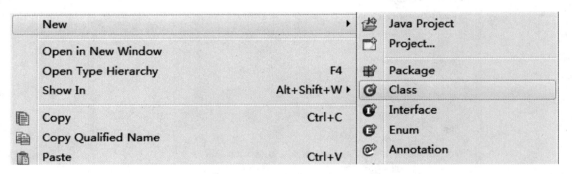

题图 1 – 16　Eclipse 创建 Java 类选择界面

如题图 1 – 17 所示，在类创建对话框中，输入包含 Java 程序的包（package）名"edu. learn"、Java 程序的主类类名"Exam1"。另外，选中"public static void main（String args[ ]）"复选框，就可以创建一个带有 main( ) 方法的 java 类了。

单击"Finish"按钮，完成名为 Exam1 的 Java 类的创建。

观察 Exam1 类结构（题图 1 – 18），并在 main( ) 函数中根据作业练习1.1编写如题图 1 – 19所示的 Java 源程序。

3. 在 Eclipse 中编译运行 Java 程序。

右键单击 Exam1. java 文件，选择"Run As"→"Java Application"，如题图 1 – 20 所示。

題图 1－17 Eclipse 创建 Java 类命名界面

題图 1－18 Eclipse Java 类文件编辑界面

```java
package edu.learn;

public class Exam1 {

    /**
     * @param args
     */
    public static void main(String[] args) {
        // TODO Auto-generated method stub
        System.out.println("********************");
        System.out.println("欢迎进入Java的世界");
        System.out.println("********************");
    }
}
```

题图 1 – 19　Eclipse Java 类文件编辑界面

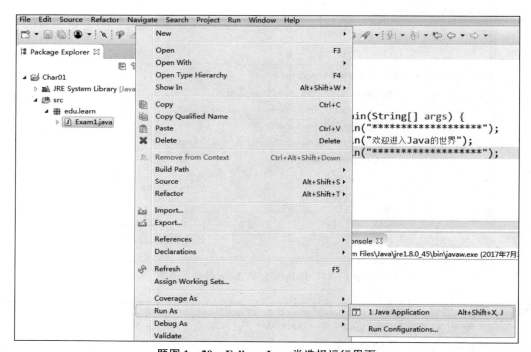

题图 1 – 20　Eclipse Java 类选择运行界面

观察结果输出：

题图 1 – 21　输出运行结果

练习1.2.3 输出语句 print( ) 和 println( ) 的运用

知识点回顾：

print( )：输出 " ( )" 中的内容，但是不换行。

println( )：输出 " ( )" 中的内容后，光标跳转到下一行。

在 src 的 edu. learn 包中，创建一个名为 Exam2 的类，如题图 1 – 22 所示。

```
▲ 🗁 Char01
    ▷ ■ JRE System Library [JavaSE-1.8]
    ▲ 🗁 src
        ▲ 🌐 edu.learn
            ▷ J Exam1.java
            ▷ J Exam2.java
```

题图 1 – 22　创建名为 Exam 2 的类

在 main( ) 方法中添加以下代码：

```java
System.out.println(" ******************* ");
System.out.print("账户名:");   //不换行
System.out.println("罗晓云");    //换行
System.out.print("本金:");
System.out.println("50000.00 元");
System.out.print("利率:");
System.out.println("5.2% ");
System.out.print("年限:");
System.out.println("1");
System.out.println("到期连本带利:52600.00 元");
System.out.println(" ******************* ");
System.out.println(" ******************* ");
```

编译并运行该程序，并得到结果，如题图 1 – 23 所示。

```
📇 Problems  @ Javadoc  🗟 Declaration  🖳 Console ⌗
<terminated> Exam2 [Java Application] C:\Program Files\Jav
*******************
账户名：罗晓云
本金：50000.00元
利率：5.2%
年限：1
到期连本带利：52600.00元
*******************
```

题图 1 – 23　输出运行结果

练习 1.2.4 初识 Java 提供的工具类，并输出当前计算机时间

了解 Java 语言的高级用法，使用 Java 提供的 Calendar 日历工具类来获取当前日期和时间。在 src 的 edu. learn 包中，创建一个名为 Exam 3 的类，如题图 1–24 所示。

```
▲ 🗁 Char01
    ▷ 🗀 JRE System Library [JavaSE-1.8]
    ▲ 🗀 src
        ▲ 🖽 edu.learn
            ▷ 🗐 Exam1.java
            ▷ 🗐 Exam2.java
            ▷ 🗐 Exam3.java
```

题图 1–24 创建名为 Exam 3 的类

编写以下代码：

```java
package edu.learn;

import java.util.Calendar;
import java.util.Date;
public class Exam3 {
    public static void main(String[] args) {
        Calendar ca = Calendar.getInstance();
        ca.setTime(new Date());

        String curTime = ca.get(Calendar.YEAR) + "/" +
                ca.get(Calendar.MONTH) + "/" +
                ca.get(Calendar.DAY_OF_MONTH) + " " +
                ca.get(Calendar.HOUR) + ":" +
                  ca.get(Calendar.MINUTE) + ":" +
                ca.get(Calendar.SECOND) + "  " +
                "星期" + ca.get(Calendar.DAY_OF_WEEK);

        System.out.print("当前时间是:");  //print()用于向输出端输出一行文本(不换行)
        System.out.println(curTime);//println()用于向输出端输出一行文本,并在末尾处换行
    }
}
```

编译并运行该程序，并得到结果，如题图 1–25 所示。

Problems @ Javadoc Declaration ☐ Console ☒
<terminated> Exam3 [Java Application] C:\Program Files\Java
当前时间是：2017/7/4 10:28:12 星期6

题图 1 – 25 输出运行结果

练习 1. 2. 5 初识 Java 的 Swing 组件的 UI 程序

了解 Java 语言的高级用法，使用 Java 提供的 Swing 工具类实现一个 Windows 日期时间对话框的制作。

在 src 的 edu. learn 包中，创建一个名为 Exam 4 的类，如题图 1 – 26 所示。

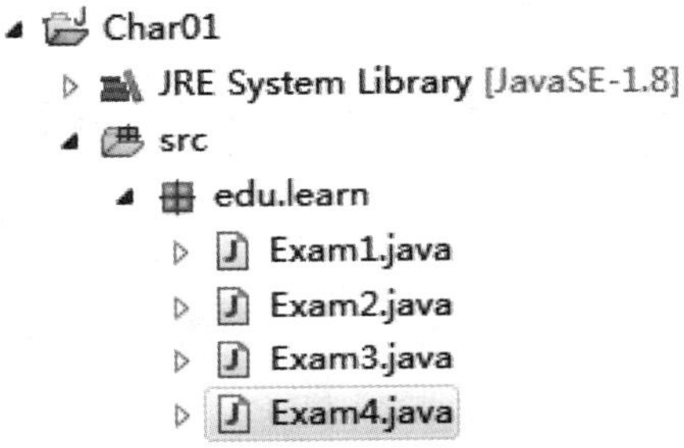

```
▲ 🗁 Char01
    ▷ 🛋 JRE System Library [JavaSE-1.8]
    ▲ 🗁 src
        ▲ ⊞ edu.learn
            ▷ 🇯 Exam1.java
            ▷ 🇯 Exam2.java
            ▷ 🇯 Exam3.java
            ▷ 🇯 Exam4.java
```

题图 1 – 26 创建名为 Exam 4 的类

编写以下代码：

```java
package edu. learn;
import java.util.Calendar;//从 JDK 中将 Calendar 工具类加入到程序中
import java.util.Date;//从 JDK 中将 Date 工具类加入到程序中
import javax. swing. *;
import java.awt. *;
public class Exam4 {
    public static void main(String[ ] args) {
        //获得日期及事件字符串
        Calendar ca = Calendar.getInstance();
        ca. setTime(Date());

        String curTime = ca.get(Calendar.YEAR ) + "/" +
                ca.get(Calendar.MONTH + 1) + "/" +
                ca.get(Calendar.DAY_OF_MONTH ) + " " +
                ca.get(Calendar.HOUR ) + ":" +
                ca.get(Calendar.MINUTE ) + ":" +
                ca.get(Calendar.SECOND ) + "  " +
                "星期" + ca.get(Calendar.DAY_OF_WEEK );

        //创建窗体
```

```
JFrame f = JFrame();        //创建窗体对象
JTextField tfTime = JTextField(20);    //创建文本域(框)对象
f.setLayout(FlowLayout());
f.add(tfTime);    //将文本域对象添加到窗体中显示
f.setTitle("时间显示");
f.setBounds(500,300,300,100);
f.setResizable(false );
f.setVisible(true );
f.setDefaultCloseOperation(JFrame.EXIT_ON_CLOSE );
//在窗体的标签控件对象中显示日期和时间值
tfTime.setText(curTime);
    }
}
```

编译并运行该程序，并得到结果，窗体显示如题图1-27所示。

题图1-27　Eclipse 窗体显示界面

作业练习1.2

创建一个名为 DrawShape 的工程，在该工程中创建一个名为 shape 的包，在该包下创建一个名为 DrawRect 的类，在该类中编写一段输出指令，输出一个空心矩形，输出结果如题图1-28所示。

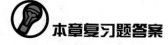

题图1-28　Eclipse 控制台输出空心矩形

本章复习题答案

1. D　　2. D　　3. C　　4. B　　5. A　　6. B　　7. D　　8. B

第 2 章

Java 面向对象结构说明和程序语言算法概述

上机目标

➢ 熟悉 Java 项目、包、类的管理结构
➢ 掌握算法时间复杂度分析
➢ 学会使用算法原型工具 RAPTOR
➢ 使用 RAPTOR 进行算法设计

指导练习 2.1　Java 项目、包、类的管理结构

练习 2.1.1　创建 Java 项目和无包的 Java 类

打开 Eclipse，创建一个 Java 项目，命名为 Java 文件结构练习，如题图 2-1 所示。

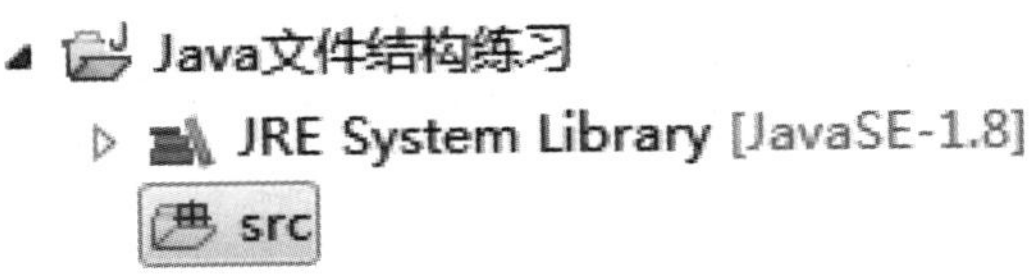

题图 2-1　创建项目

在 src 目录下创建一个名为 StudyJava1 的类，package（包）输入框中不指定任何包，如题图 2-2 所示。

完成无包的源程序文件创建后，可以看到，在无包的 Java 类定义中，源程序文件的第一行没有 package 的包声明，如题图 2-3 所示。

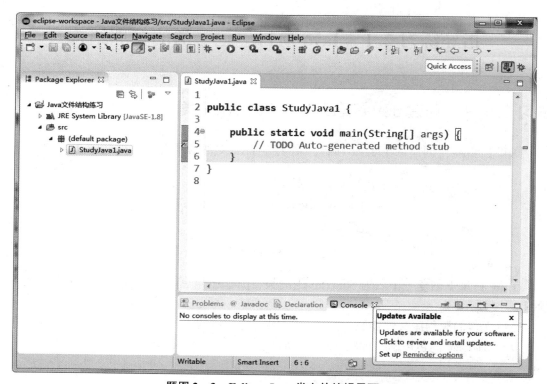

题图 2 – 2　Eclipse Java 项目新建 Java 类空白包名的界面

题图 2 – 3　Eclipse Java 类文件编辑界面

练习 2.1.2　创建属于包的 Java 类

在 src 目录下创建一个名为 StudyJava1 的 Java 类。与练习 2.1.1 所不同的是，该类拥有一个名为 chapter1 的包，如题图 2-4、题图 2-5 所示。

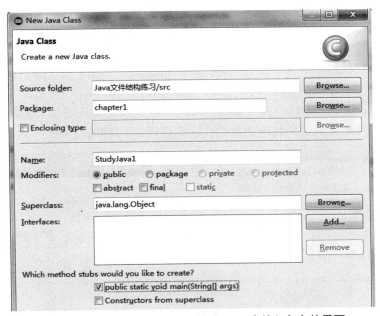

题图 2-4　Eclipse Java 项目新建 Java 类输入包名的界面

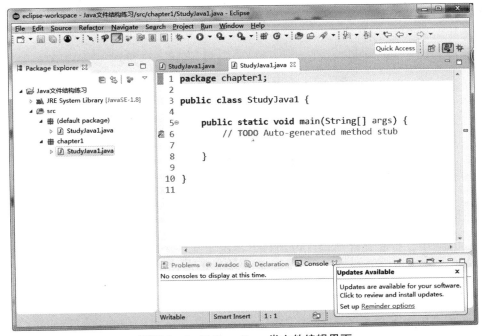

题图 2-5　Eclipse Java 类文件编辑界面

此时，在第二个StudyJava1类所在的源程序文件定义中，第一行的位置拥有该类所在包的声明"package chapter1"。此时，两个StudyJava1. java源程序文件虽然名称相同，但是由于它们所属的组织架构（包）不一致，因此可以共存在一个Java项目下的。

打开磁盘上的该Java项目，它所在的位置是第1章中安装时指定的d：\eclipse-workspace目录，Java项目就存储在一个与项目名同名的文件夹下面，如题图2－6所示。

▲ 🗁 Java文件结构练习
  ▲ 🗁 bin
    🗁 chapter1
  ▲ 🗁 src
    ▷ 🗁 chapter1
    🗋 StudyJava1.java

题图2－6　Java项目目录结构界面

在目录src下，我们看到一个名为chapter1的文件夹和一个名为StudyJava1. java的源程序文件，源程序文件就是练习2.1.1创建的无包的Java源程序文件，而文件夹是练习2.1.2创建第二个有包结构Java源程序文件所属的包的物理磁盘结构，如题图2－7所示。

系统 (D:) ▸ eclipse-workspace ▸ Java文件结构练习 ▸ src ▸		
含到库中 ▾　共享 ▾　新建文件夹		
名称	修改日期	类型
📄 chapter1	2018-2-24 20:18	文件夹
📄 StudyJava1	2018-2-24 12:18	JAVA 文件

（a）

系统 (D:) ▸ eclipse-workspace ▸ Java文件结构练习 ▸ src ▸ chapter1		
共享 ▾　新建文件夹		
名称	修改日期	类型
📄 StudyJava1	2018-2-24 20:18	JAVA 文件

（b）

题图2－7　Java项目src目录结构界面
（a）无包的Java源程序文件；（b）有包结构Java源程序文件

作业练习2.1

1. 巩固对带有包名的Java类的创建。

在Eclipse中，Java文件结构练习项目下再次定义一个名为StudyJava1的类及其存储的源程序文件，将该类及其所属源程序文件所属的包名定义为chapter2。

2. 观察项目下Java源程序文件编译后形成的字节码文件。

在磁盘目录下，打开项目文件夹，打开bin子文件夹，观察文件夹中的所有字节码文件（. class）的存储结构，你发现了什么？

3. 观察 Java 包结构的作用。

在 Eclipse 中创建一个无包的 StudyJava1 的类，在 chapter1 包创建一个 StudyJava1 的类，观察这两个类是否能被创建。如果不能，请思考原因，并总结包结构在 Java 项目结构中的作用和意义。

指导练习 2.2　使用 RAPTOR 进行算法流程图设计

练习 2.2.1　了解快速算法原型工具 RAPTOR

RAPTOR（the Rapid Algorithmic Prototyping Tool for Ordered Reasoning）是用于有序推理的快速算法原型工具，它基于流程图仿真的可视化的程序设计环境，为程序和算法设计的基础课程的教学提供实验环境。

使用 RAPTOR 设计的程序和算法可以直接转换成为 C++、Java、C#等高级程序语言，这就为程序和算法的初学者铺就了一条平缓、自然的学习阶梯。

学习 RAPTOR 的优势：

（1）可以在最大限度地降低语法要求的情形下，帮助用户编写正确的程序指令。

（2）程序就是流程图，可以逐个执行图形符号，以便帮助用户跟踪指令流执行过程。

（3）容易掌握。

（4）用 RAPTOR 可以进行算法设计和验证，从而使初学者有可能理解和真正掌握"计算思维"。

RAPTOR 的四种基本符号（语句）如题表 2-1 所示。

题表 2-1　流程图四种基本符号

用途	符号	名称	说明
输入		输入语句	输入数据给一个变量
处理		赋值语句	使用各类运算来更改的变量的值

用途	符号	名称	说明
处理		过程调用	执行一组在命名过程中定义的指令
输出		输出语句	显示变量的值

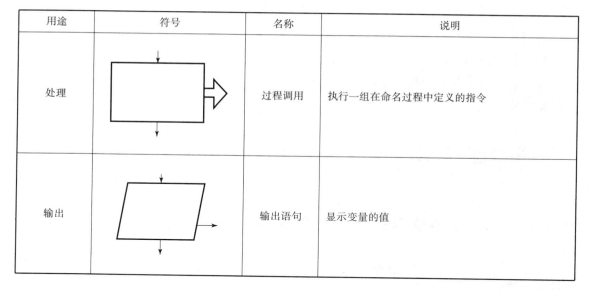

RAPTOR 基本环境界面如题图 2-8 所示。

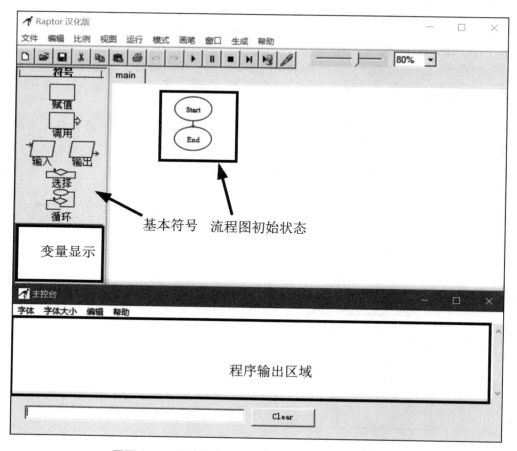

题图 2-8　快速算法原型工具 RAPTOR 基本环境界面

RAPTOR 的数据类型有以下两种：

（1）数值（Number）。例如，12、567、-4、3.1415、0.000371。

（2）字符串（String）。例如，"Hello，how are you?""James Bond"。注意：不能使用汉字字符。

在"Start"和"End"之间的箭头上单击鼠标右键，在快捷菜单中选择"插入输入符号"，即可给程序增加语句符号，如题图2-9所示。

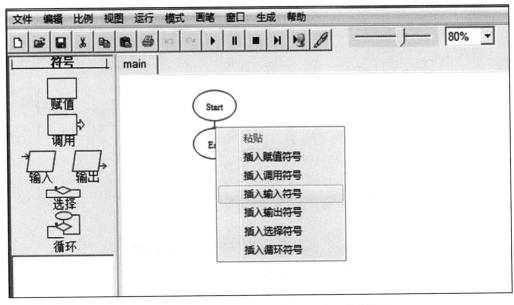

题图 2-9　快速算法原型工具 RAPTOR 编辑界面

练习2.2.2　常量与变量算法流程图练习

将常量7赋值给 x，输出 x+5 的结果。

（1）插入赋值符号：将变量 x 赋值为7。

（2）在该赋值符号后再插入赋值符号：将变量 x+5 赋值给 x。

（3）在第2步赋值符号后插入输出符号：输出 x+5。

如题图2-10所示。

运行后，查看"主控台"结果，如题图2-11所示。

练习2.2.3　顺序型程序结构算法流程图练习

求圆的面积。

（1）随机输入半径 r，使用输入框。

（2）输入圆的计算公式"s=3.14*r*r"，使用赋值框，如题图2-12所示。

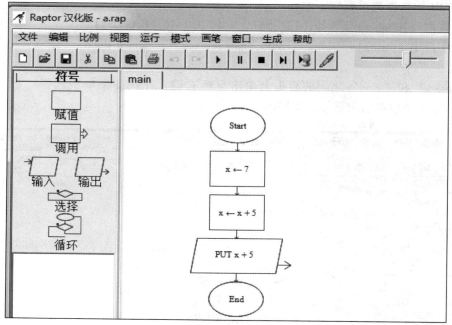

题图 2－10　快速算法原型工具 RAPTOR 流程图界面

题图 2－11　"主控台"结果显示

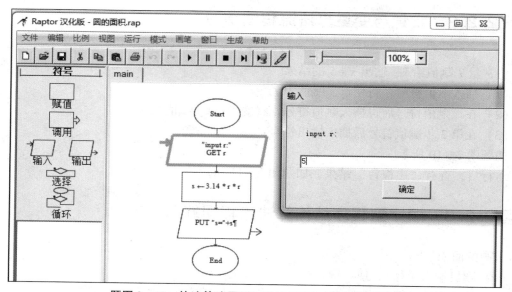

题图 2－12　快速算法原型工具 RAPTOR 流程图界面 2

（3）输出面积 s，使用输出框。

单击"运行"，"主控台"结果显示如题图 2 – 13 所示。

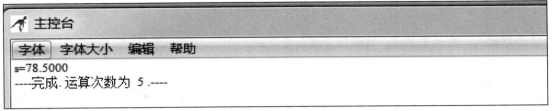

题图 2 – 13　"主控台"结果显示

练习2.2.4　选择型程序结构算法流程图练习1

任意输入一个数，判断其是正数，如果是则输出"Yes"；否则什么都不输出。

（1）输入一个任意数 x，使用输入框。

（2）用 x > 0 来判断是否为正数，使用选择框，如题图 2 – 14 所示。

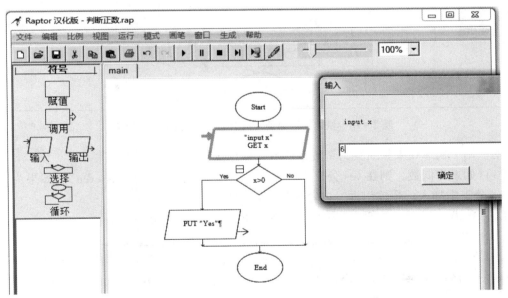

题图 2 – 14　快速算法原型工具 RAPTOR 流程图界面 3

（3）如果为正数，在 Yes 分支中加入一个输出框，内容为"Yes"。单击"运行"，"主控台"结果如题图 2 – 15 所示。

题图 2 – 15　"主控台"结果显示

Java程序语言基础

练习2.2.5 选择型程序结构算法流程图练习2

任意输入一个正整数 x，判断其为偶数或奇数。

（1）在输入框输入一个任意正数 x，如题图 2-16 所示。

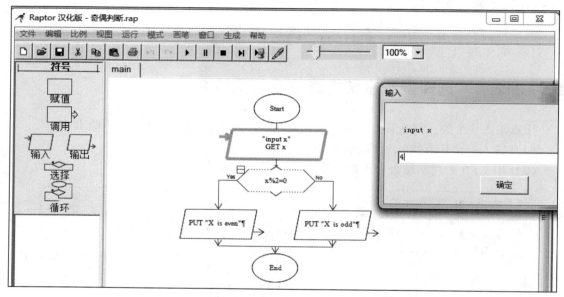

题 2-16 快速算法原型工具 RAPTOR 流程图界面 4

（2）用 x%2=0 来判断其为奇数或偶数，使用选择框。

（3）如果为偶数，则在 yes 分支中加入一个输出框，内容为"X is even"；如果为奇数，则在 no 分支中加入一个输出框，内容为"X is odd"。

（4）单击"运行"按钮，"主控台"结果如题图 2-17 所示。

题图 2-17 "主控台"结果显示

练习2.2.6 循环型程序结构算法流程图练习

输出"Hello"10 遍。

（1）通过操作 RAPTOR 工具，画出输出 10 遍"Hello"的流程图，如题图 2-18 所示。

（2）单击"运行"按钮，"主控台"结果显示如题图 2-19 所示。

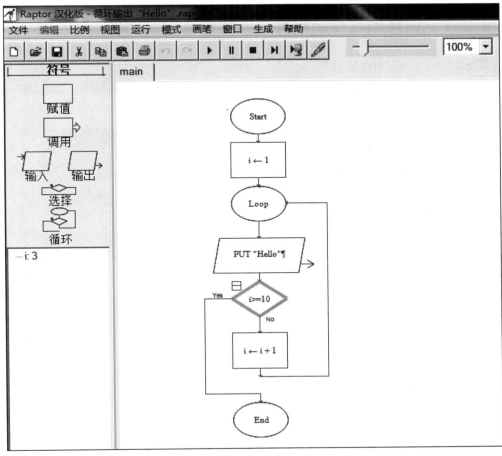

题图 2 – 18　快速算法原型工具 RAPTOR 流程图界面 5

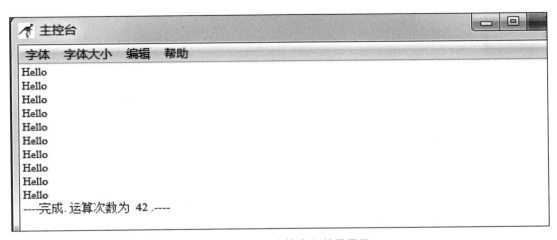

题图 2 – 19　"主控台"结果显示

练习2.2.7 循环型程序结构算法流程图练习

计算 $1 + 2 + 3 + \cdots + 100$ 的总和。

（1）操作 RAPTOR 工具，画出计算 $1 + 2 + 3 + \cdots + 100$ 总和的流程图，如题图2-20所示。

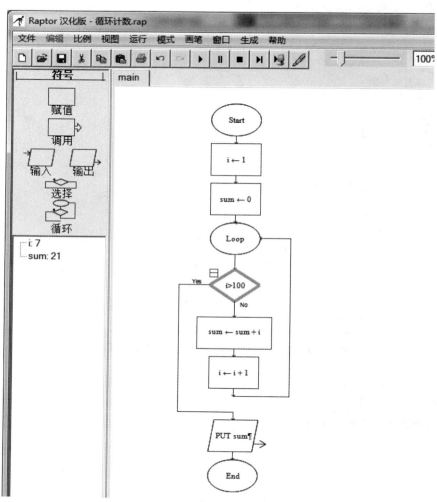

题图 2-20 快速算法原型工具 RAPTOR 流程图界面 6

（2）单击"运行"按钮，"主控台"结果显示如题图2-21所示。

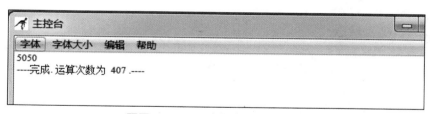

题图 2-21 "主控台"结果显示

作业练习 2.2

1. 画出顺序程序结构的算法流程图。

输入两个正整数 m 和 n，输出它们的最小公倍数 I。

2. 画出选择程序结构的算法流程图。

根据某城市普通出租车收费标准编写算法来计算车费。具体标准为：起步里程为 3 km，起步费为 10 元；行驶里程在 3～10 km 时，车费为 2 元/km；行驶里程超过 10 km 时，车费为 3 元/km。在营运过程中，因路阻及乘客要求临时停车的，按每 5 分钟 2 元计费（不足 5 分钟则不收费）。

输入行驶里程（精确到 0.1 km）与等待时间（精确到分钟），计算并输出乘客应支付的车费（元），将结果四舍五入，保留到元。

3. 画出循环程序结构的算法流程图。

一对兔子，从出生后第 3 个月起每个月都生一对兔子。小兔子长到第 3 个月后每个月又生一对兔子。假如兔子全都不死，请问第 1 个月出生的一对兔子，至少需要繁衍到第几个月时兔子总数才可以达到 R 对？（R 为给定的正整数，代表兔子的总对数）

输入一个正整数 R，输出"至少到第 m 个月时，兔子总对数才能达到 R 对。"（m 为兔子到达 R 对时所需要的月数）

 本章复习题答案

1. A 　　2. A 　　3. C 　　4. D 　　5. B

6. C 　　7. B，D 　8. D 　　9. B 　　10. C

第3章

数据类型和变量

上机目标

➤ 学习 Java 的数据类型

➤ 掌握 Java 的变量及标识符的命名规范

➤ 掌握 Java 的 8 种基本数据类型和 String 引用数据类型

➤ 掌握 Java 的 7 种基本数据类型转换

➤ 巩固使用 Java 程序语言创建变量、为变量赋值、输出变量中的值的方法

➤ 学习使用变量编写程序，完成简单的 Java 程序的设计，并学会合理使用输出语句和输入语句

指导练习3.1 Java 数据类型和变量定义、类型间的转换

练习3.1.1 掌握 Java 标识符

Java 的标识符用于定义 Java 程序中的变量、方法、类、接口和包的名称。标识符的命名必须严格遵守以下规定：

（1）Java 标识符必须以字母、下划线（_）和美元符号（$）开头；首字母的后面可以接任意字母、数字、下划线（_）和美元符号（$）；标识符可以包含数字，但是不能以数字开头；除了下划线（_）和美元符号（$）以外，标识符不能使用其他特殊符号。

（2）Java 标识符不能是系统关键字（如 int、true、false、null 等）。

（3）中文字符也是 Java 合法的标识符字符，但一般不使用中文字符来命名 Java 标识符。

练习内容：Identify 类中有 17 个变量标识符，请先对这些标识符按照理论部分的定义方法进行合法性判断，然后在 Eclipse 中使用以下程序来验证判断的正确性。

代码如下：

```
package ex01;
public class Identify {
    /*
     *学习 Java 标识符的规则
     */
    public static void main(String[] args) {
        int _stuid;
        int 9name;
        int 姓名;
        int $salary;
        int student_name;
        int teach$salary;
        int int ;
        int file - name;
        int dad&ma;
        int _薪水;
        int % 年龄% ;
        int my12month$salary;
        int _1997;
        int 1997;
        int Plane Id;
        int Plane_Id;
        int null ;
    }
}
```

练习 3.1.2 学习 Java 标示符定义规范

以下作为变量名"学生姓名"的标识符，哪个更好？

(a) xueshengxingming   (b) xsxm   (c) studentname

(d) student_name   (e) studentName   (f) stuName

练习 3.1.3 学习 Java 数据类型和不同数据类型变量的运用方式

数据类型的作用是描述数据的表现形式和存储范围，不同表现形式的数据体现了不同的数据类型（如整数类型 100、小数类型 10.55 和字符类型 "A"）。另外，不同长度范围的数据被分为不同的数据类型。例如，将在 −32 768 ~ 32 767 范围的数值定义为短整型，而把在 −2 147 483 648 ~ 2 147 483 647 范围的数值定义为整型。题表 3 − 1 所示为 Java 的常用数据类型。

题表 3 – 1　Java 的常用数据类型

类型	大小/格式	描述
byte	8 位二进制 （1 字节）	字节整型，数字类型，存储范围在 – 128 ~ 127，不常用于存储数字，而是作为数据的基本单位——字节，常用于在读取文件和网络上数据时使用
short	16 位二进制 （2 字节）	短整型，数字类型，范围为 – 32 768 ~ 32 767，常用于存储小范围员工编号时很有用
int	32 位二进制 （4 字节）	整型，数字类型，最大不超过 2 147 483 648，用于存储较大的数字（如某企业的现金流）
long	64 位二进制 （8 字节）	长整型，数字类型，范围是 int 类型的平方，用于存储海量数据（如银行 10 年的所有交易次数），数值后需跟 l 或 L
float	32 位二进制 （4 字节）	浮点型，存储带有小数的数字（如产品的价格），小数部分进度不超过 7 位。数值后需跟 f 或 F
double	64 位二进制 （8 字节）	双精度浮点型，存储带有小数的大型数值（如国家一年的 GDP 生产总值），小数部分可达 15 位
char	32 位二进制 （4 字节）	字符类型，存储单个的英文字母、特殊字符或是一个汉字。字符数据需用 "进行定义"（如 ' 好 '）
string	无限制	字符串类型，可存储字符序列，字符序列需用 "进行指定"（如"张海迪"）
boolean	1 位二进制	布尔类型，只能存储 true 和 false 两种状态

变量定义是计算机内存中的一个命名后的存储区域，存储区域分配的大小以及存储数据在计算机中的表示方式需要使用数据类型进行指定。因此，变量的定义方法是：

数据类型 标示符名称 [= 值]；

例如：**char** sex；

　　　int age = 19；

练习内容：利用所学习的 Java 的数据类型和变量的定义方法，完成以下数据的变量定义、赋值和输出。

A、9、100、10000、1000000000、1000000000000000L、3. 12345f、3. 123456789876543、男、软件技术、true、false

代码如下：

```
package ex02;
public class DateType{
    /*
    *学习 Java 数据类型存储内容范围及表现形式。
```

```
*学习变量的定义方式,以下的变量定义均使用初始化方法给予变量初值
*/
public static void main(String[] args) {
    byte b = 100;
    short s = 10000;
    int i = 1000000000;
    long l = 10000000000000000L;

    float f = 3.12345f;
    double d = 3.123456789876543;

    char c = 'A';
    char c1 = '9';
    String str = "软件技术";
    String str1 = "123456789";
    boolean bool = true;
    boolean bool1 = false;

    //输出以上变量中的内容,使用Java的输出语句println
    //是不需要考虑其数据类型的
    System.out.println("b = " + b);
    System.out.println("s = " + s);
    System.out.println("i = " + i);
    System.out.println("l = " + l);
    System.out.println("f = " + f);
    System.out.println("d = " + d);
    System.out.println("c = " + c);
    System.out.println("c1 = " + c1);
    System.out.println("str = " + str);
    System.out.println("str1 = " + str1);
    System.out.println("bool = " + bool);
    System.out.println("bool1 = " + bool1);
    }
}
```

练习3.1.4　练习各种数据类型之间的转换

　　Java 不同数据类型的数值可以相互转换，但在转换时需要遵守一定规则：存储范围较小的数据类型可以自动赋值给存储范围较大的数据类型；而反之，由于存储范围较大的数据类

型赋值给存储范围较小的时有可能出现数值溢出，因此需要使用强制转换，即：

目标类型　变量名 =（目标类型）元类型变量/数据

练习内容：通过以下内容来理解和掌握各种基本数据类型之间的转换方式（自动转换和强制转换）

```java
package ex03;
public class DateTypeTrans {

    /* *
     * 学习不同数据类型间的转换
     * /
    public static void main(String[] args) {
        //小类型转换为大类型使用自动转换
        byte b = 100;   //1 个字节
        short s = b;    //2 个字节
        int i = s;      //4 个字节
        long l = i;     //8 个字节
        System.out.println(l);

        //大类型转换为小类型使用强制转换
        l = 99;         //8 个字节
        i = (int)l;     //4 个字节
        s = (short)i;   //2 个字节
        b = (byte)s;    //1 个字节
        System.out.println(b);

        float f = 3.1552f;
        double d = f;   //4 个字节的 float 转换为 8 个字节的 double,自动转换
        System.out.println(d);

        d = 3.1999527699;
        f = (float)d;   //8 个字节的 double 转换为 4 个字节的 float,用强制转换
        System.out.println(f);

        i = 10000;
        f = i;   //4 个字节的 int 转换为 4 个字节的 float,自动转换
```

```
    System.out .println(f);

    d =10000.5555555555;
    i =(int )d;    //8 个字节长度的 double 转换为 4 个字节长度的 int,要用强制
转换

    System.out .println(i);

    }
}
```

Java 数据类型的转换特点:

char 和 string 是不能使用赋值语句做简单的类型转换的，因为 char 是基本数据类型，而 string 是引用数据类型。

练习 3.1.5　练习引用数据类型 String 的使用

String 字符串就是一连串字符序列，Java 语言在 java. lang 包中提供了 String 这个类来创建一个字符串变量。字符串变量是对象，在一串字符的前后加上双引号，即为字符串的值。Java 语言还为之提供了一系列方法来操作字符串对象。

练习内容：String 字符串的创建及常用的连接字符串；计算字符串的长度；比较字符串等方法的使用。代码如下：

```
package ex04;
public class StringUse {
  /* *
    *学习引用数据类型 String 的使用
    * /
  public static void main(String[] args) {
     //字符串声明创建
     String str = "第一个字符串";
     String string =null ;
     string = "又一个字符串";
     String str_empty = String();
     char [] ch = {'a','b','c','d','e'};
     String str_arr = String(ch);
     String str_arr_sub = String(ch,1,3);
     String str1 = "abc";
     String str2 = "cde";
     str = str1 + str2;
```

```
    System.out.println("str 的值是" + str);

    //计算字符串的长度
    System.out.println("str 的长度为:" + str.length());

    //字符串进行比较
    String str3 = "abcde";
    String str4 = String("abcde");
    System.out.println( " 以 equals ( ) 比 较 str3 与 str4 相 等 吗:" +
(str3.equals(str4)));
    System.out.println("以 equals()比较 \"ABCde \"与 str4 相等吗:" + ("
ABCde".equals(str4)));
    }
}
```

通过以上示例理解 Java 数据类型中引用数据类型 String 的使用。

作业练习 3.1

请按照最合理的方式定义如下标识符:
（1）图书价格
（2）图书作者
（3）年龄
（4）性别
（5）第一个数字
（6）第二个数字
（7）两个数的和
请大家为以下数据定义合适的变量进行存储。要求：变量在类型和大小上予以匹配，使用 "System. out. println( );" 方法输出变量的值。

表 3－2　为数据定义合适的变量

数据	值	变量	类型	输出
矩形长	14. 25	width	float	float width = 14. 25
矩形宽	6. 98			
矩形面积	99. 465			
圆周率	3. 1415926465677688			
学生年龄	19			
教师性别	"M" 或者 "W"			

续表

数据	值	变量	类型	输出
教师工号	110			
存款金额	350500.56			
内存值	320G			
（考试）是否通过	"P" 或 "N"			

指导练习 3.2 Java 基于变量的输入输出

练习 3.2.1 System. out. println( ) 的输出内容组合方法

练习使用 System. out. println( ) 方法来输出不同的数据类型变量和表达式的方法。

代码如下：

```
package ex05;

public class OutPrint {
    /* *
     * 学习并且掌握 System.out.println()方法
     */
    public static void main(String[] args) {
        //System.out.println()可以将所有数据转换为字符串输出
        System.out.println(500);          //输出字符串"500"
        System.out.println(3.1415);       //输出字符串"3.1415"
        System.out.println("hello");      //输出字符串"hello"
        System.out.println(true );        //输出字符串"true"

        //()中有基于数字的算数表达式时,先计算,再把计算结果转换为字符串输出
        System.out.println(500 +600);     //输出字符串"1100"
        System.out.println(3.14 *2);      //输出字符串"6.28"

        //()中的表达式为字符串 +数字类型数据时,结果为将数字类型数据转换为字符
串,并输出和字符串连接后的结果
        System.out.println("500" + 600);  //输出字符串"500600"
        System.out.println("我今年" + 6 + "岁了");  //输出字符串"我今年 6 岁
了"
```

```
    //观察多变量(表达式)和字符串常量间的组合技巧,输出:2只青蛙2张嘴4只眼睛
8条腿
    int frog =2;
    System.out.println(frog + "只青蛙" + frog + "张嘴" + 2 * frog + "
只眼睛" + 4 * frog   + "条腿")
    }
}
```

练习 3.2.2　学习 Java 变量和数据赋值的程序算法

定义两个整型变量，分别赋值为 5 和 50，编写程序交换这两个变量的值，并且输出。

代码如下：

```
package ex06;

public class Swap {

    public static void main(String[] args) {
        int a,b,c;    //同类型变量可以一起定义
        a = 5;
        b = 6;
        System.out.println("原变量a = " + a + ",b = " + b);

        c = a;
        a = b;
        b = c;
        System.out.println("交换后a = " + a + ",b = " + b);
    }
}
```

练习 3.2.3　Java 的格式化输出

在 Java 程序中，格式化输出需要使用 System. out. printf( ) 来输出。printf 格式说明如题表 3 – 3 所示。

题表 3 – 3   printf 格式说明

格式字符			说明
%			格式说明的起始符号，不可缺少
–			有"–"表示左对齐输出，如果省略"–"就表示右对齐输出
0			有"0"表示指定空位填 0，如果省略"0"就表示指定空位不填
m. n	m		域宽，即对应的输出项在输出设备上所占的字符数。可以应用于各种类型的数据转换，并且其行为方式都一样
	n		精度
l 或 h	l		对整型指 long 型，对浮点型指 double 型
	h		用于将整型的格式字符修正为 short 型
格式字符	d 格式	% d	按整型数据的实际长度输出
		% md	m 为指定的输出字段的宽度。如果数据的位数小于 m，则左端补以空格，若大于 m，则按实际位数输出
		% ld	输出长整型数据
	o 格式		以无符号八进制形式输出整数。对长整型可以用"% lo"格式输出。同样也可以指定字段宽度用"% mo"格式输出

代码如下：

```
package ex07;
public class FormatOutPrint {

    /**
     *练习 Java 的格式化输出
     *使用 System.out.printf()
     */
    public static void main(String[] args) {
        double d = 345.678;
        String s = "你好!";
        int i = 1234;
//定义一些变量,用来格式化输出。
        System.out.printf("%f",d);
        /*"%"表示进行格式化输出，"%"之后的内容为格式的定义。
        "f"表示格式化输出浮点数*/
        System.out.println();
        System.out.printf("%9.2f",d);
        //"9.2"中的"9"表示输出的长度，"2"表示小数点后的位数
        System.out.println();
```

```
System.out.printf("% +9.2f",d);
    //" +"表示输出的数带正负号
System.out.println();
System.out.printf("% -9.4f",d);
    //" -"表示输出的数左对齐(默认为右对齐)
System.out.println();
System.out.printf("% + -9.3f",d);
    //" + -"表示输出的数带正负号且左对齐
System.out.println();
System.out.printf("%d",i);
    //"d"表示输出十进制整数
System.out.println();
System.out.printf("% o",i);
    //"o"表示输出八进制整数
System.out.println();
System.out.printf("%x",i);
    //"x"表示输出十六进制整数
System.out.println();
System.out.printf("%#x",i);
    //"#x"表示输出带有十六进制标志的整数
System.out.println();
System.out.printf("%s",s);
    //"s"表示输出字符串
System.out.println();
System.out.printf("输出一个浮点数:% f,一个整数:% d,一个字符串:% s",
d,i,s);
    //可以输出多个变量,注意顺序
System.out.println();
System.out.printf("%S =%s%n","Name","Zhangsan");
    //"%S"将字符串以大写形式输出
System.out.printf( "%1 $s =% 3 $s  %2 $s% n"," Name"," san",
"Zhang");
    /*支持多个参数时,可以在"% "和"s"之间插入变量编号,"1 $"表示第一个字符
串,"3 $"表示第3个字符串,"%n"表示自动换行 */
        System.out.printf("9,% % ");//输出"% "时,如果只写一个"% ",就会报错
    }
}
```

请运行该程序并掌握 Java 的 printf( ) 方法。

练习 3.2.4　Java 的输入函数

在 Java 程序中，通过键盘方式的输入需要使用 Scanner 类对象中的 next×××() 方法来实现。

Scanner 类存在于 jdk 安装包中类库的 java.util 包中，如果使用它，则需要在程序头（package 包定义的下面）使用 import（导入）命令来引入它。

编写如下程序：

```java
package ex08;
import java.util.Scanner;    //从 java 安装包中引入 Scanner 类
public class InputCase {

    /**
     *练习 Java 的输入函数，
     *使用键盘的输入方法
     */
    public static void main(String[] args) {
        Scanner in = Scanner(System.in);

        //创建 Scanner 类型的对象 in,输入工具为 System.in,即键盘
        System.out.println("从键盘上输入一个整型值并按回车");//提示输入是个好习惯

        int a = in.nextInt();
        System.out.println("您输入了一个整型的值:" + a);

        System.out.println("从键盘上输入一个小数型值并按回车");
        double b = in.nextDouble();
        System.out.println("您输入了一个小数型的值:" + b);

        System.out.println("从键盘上输入一个字符串类型值并按回车");
        String c = in.next();
        System.out.println("您输入了一个字符串类型的值:" + c);

        System.out.println("从键盘上输入一个布尔型值并按回车");
        boolean d = in.nextBoolean();
        System.out.println("您输入了一个布尔型的值:" + d);
    }
}
```

请运行该程序并掌握从 Java 的命令行输入值到变量中的方法。

Java程序语言基础

练习3.2.5 程序的实现步骤和方法的指导练习

计算机程序设计的步骤为：
(1) 定义变量。
(2) 输入数据。
(3) 算法执行。
(4) 输出结果。
程序问题：求任意长度半径的圆的面积和周长。
代码如下：

```
package ex09;
import java.util.Scanner;
public class CircleCase {
    /**
     *运用程序设计方法编写程序求圆的面积和周长
     */
    public static void main(String[] args){
        double r;   //圆的半径变量
        double area;   //圆的面积变量
        double length;   //圆的周长变量

        Scanner in = Scanner(System.in);
        System.out.println("计算圆的面积和周长,请先输入圆的半径:");
        r = in.nextDouble();

        area =3.14 * r * r;   //计算圆的面积
        length =2 * 3.14 * r;   //计算圆的周长

        System.out.println("半径为" + r + "的圆面积为" + area + ",周长为"
+ length);
    }
}
```

作业练习 3.2

1. 编写一个程序，计算华氏温度对应的摄氏温度？例如，输入 79.0，输出 26.111 1。
要求用到输出和输入语句。

转换公式为：$C = \dfrac{5}{9}(F - 32)$

2. 编写一个程序，要求运行结果如下。要求使用输出输入语句。

请输入存款人姓名：张宏

请输入本金：210000.00 元

请输入存款年限：3

请输入利率：0.053

到期连本带息为：244325.68 元

 本章复习题答案

1. D   2. B   3. B   4. A   5. A

6. B   7. A   8. C   9. B   10. B

第4章
运算符、表达式及顺序结构

<<<<<<

上机目标

➤ 掌握运算符及其表达式
➤ 掌握复合赋值运算符及其表达式
➤ 掌握 Java 的输入输出函数
➤ 运用算术表达式实现顺序型算法的设计和实现

上机指导 4.1　运算符及其表达式的练习

练习 4.1.1　算术运算符 +、−、*、/、% 的运用

方法：先根据自己的理解进行心算，再运行根据结果判断正确性。

步骤：

（1）创建 Java Project，命名为 ch03。

（2）在项目中添加如下类：

```
package edu.learn;
public class Exam1 {
    /**
     *学习 +、-、*、/、%
     */
    public static void main(String[] args) {
        int a =10;
        int i1,i2;
        double d1,d2,d3;
```

```
        i1 = a /3 ;
        d1 = ( double )a /3 ;
        d2 = a /3.0 ;
        i2 = a %3 ;
        d3 = i1 + i2 - d1 - d2 ;//由于计算中的数值有小数类型,因此结果必须是小数
的最大类型——double

        System.out.println("a /3 = " + i1);//求 10 /3 的结果
        System.out.println("(double)a /3 = " + d1);//求 10.0 /3 的结果
        System.out.println("a /3.0 = " +d2);//求 10 /3.0 的结果
        System.out.println("a %3 = " +i2);//求 10%3 的结果
        System.out.println("i1 + i2 - d1 - d2 = " + d3);//求 3 +1 -3.333 -
3.333 的结果
    }
}
```

练习 4.1.2   多种数据类型的混合运算的类型转换

多种算数运算符进行混合运算时,如果不使用(目标类型)的强制转换方法,则数值范围较小的类型会自动转换为数值范围较大的类型后再进行计算。

编写以下代码,练习并掌握多种数据类型的混合运算的类型转换方法。

```
package edu.learn;
public class Exam2 {
    /* *
     *练习并掌握多种数据类型的混合运算的类型转换方法
     * /
    public static void main(String[] args) {
        byte b =2 ;
        short s =112 ;
        int i =5000 ;
        long l =22200 ;
        float f =12.5f ;
        double d =32.2332 ;

        //通过观察下列表达式的合法性,观察并学习各类型数据计算时的结果转换
        byte r1 =b + s;   //byte + short
        short r2 =b + s;
```

```
        int r3 = b + s;
        int r4 = i + l;   //int + long
        long r5 = i + l;
        long r6 = l + f;   //long + float
        float r7 = l + f;
        float r8 = f + d;   //float + double
        double r9 = f + d;
    }
}
```

练习4.1.3 自增/自减运算符的特点和使用方法

（1）i ++ / ++ i：实际含义即 i = i + 1，即 i 变量自身的值加 1。

（2）i -- / -- i：实际含义即 i = i - 1，即 i 变量自身的值减 1。

（3）++ / --：位于在变量前，先计算变量加/减 1 的操作，再完成其他运算。

（4）++ / --：位于在变量后，先完成其他运算，再计算变量加/减 1 的操作。

编写以下代码，了解并掌握自增/自减运算符的特点和使用方法。

```
package edu.learn;

public class Exam3 {
    /* *
     * 了解并掌握自增/自减运算符的特点和使用方法
     */
    public static void main(String[] args) {
        int i = 10;
        int a;
        a = i ++;   //后缀自增,先赋值,再自增
        System.out.println("a = i ++ 后,a = " + a + ",i = " + i);
        a = ++ i;   //前缀自增,先自增,再赋值
        System.out.println("a = ++ i 后,a = " + a + ",i = " + i);
        a = i --;   //后缀自减,先赋值,再自减
        System.out.println("a = i -- 后,a = " + a + ",i = " + i);
        a = -- i;   //前缀自减,先自减,再赋值
        System.out.println("a = -- i 后,a = " + a + ",i = " + i);
//没有与其他运算符合用时,前缀后缀都一样,变量值自增/自减
        i ++; ++ i;
            System.out.println("i = " + i);
        i --; -- i;
```

```
        System.out.println("i = " + i);
    }
}
```

运行后观察结果。

练习 4.1.4 复合赋值运算符的学习与掌握

（1） a + = b 的换算式为 a = a + b
（2） a − = b 的换算式为 a = a − b
（3） a * = b 的换算式为 a = a * b
（4） a/ = b 的换算式为 a = a/b
（5） a% = b 的换算式为 a = a% b
（6） a + = b + c 的换算式为 a = a + （b + c）
通过下列程序验证上列复合赋值运算表达式的值。

```java
package edu.learn;

public class Exam24 {
    /**
     * @param args
     */
    public static void main(String[] args) {
        int a = 5;
        a + = 2;
        System.out.println("a + = 2 的结果为:" + a);

        a = 5;//每次都要重新设置 a = 5,因为上面 a 的值已经改变了
        a + = (2 * 5);
        System.out.println("a + = (2 * 5)的结果为:" + a);

        a = 5;//每次都要重新设置 a = 5,因为上面 a 的值已经改变了
        a/ = (a + a);
        System.out.println("a/ = (a + a)的结果为:" + a);

        a = 5;//每次都要重新设置 a = 5,因为上面 a 的值已经改变了
        a% = (a + a);
        System.out.println("a% = (a + a)的结果为:" + a);
    }
}
```

作业练习 4.1

1. 定义 int a,b；并赋值 a = 5；b = -4；

编写程序计算 - a%3 + b*6/(8.0-5)+6.3 的结果，分析该结果要使用什么类型的变量来存储，并输出。

2. 华氏温度和摄氏温度的转换公式为：F = (C×9/5) +32；C = (F-32) ×5/9

编写程序计算下面温度转换后的结果，并输出到屏幕上。

(1) 摄氏温度 30.6 度对应的华氏温度。

(2) 华氏温度 73.2 度对应的摄氏温度。

3. 个人所得税的起征点为 3 500 元，超过 3 500 元将征收个人所得税，征收办法如下：

(1) 不超过 1 500 元的部分，税率为 3%。

(2) 超过 1 500 元至 4 500 元的部分，税率为 10%。

(3) 超过 4 500 元至 9 000 元的部分，税率为 20%。

(4) 超过 9 000 元至 35 000 元的部分，税率为 25%。

请编写程序，设计表达式，计算小明的工资（10 945 元）需要交纳多少个人所得税。

上机指导 4.2　顺序型程序设计的实现步骤和方法

顺序型程序设计的步骤为：

(1) 定义变量。

(2) 输入数据。

(3) 算法执行。

(4) 输出结果。

要点：代码中的每条指令仅执行一次，且按顺序从 main () 方法的第一行顺序执行到最后一行。

练习 4.2.1　求任意长度半径的圆的面积和周长

代码如下：

```
package edu.learn;

import java.util.Scanner;
public class Exam6 {
    /**
     *运用程序设计方法编写程序求任意长度半径的圆的面积和周长
     */
```

```
public static void main(String[] args){
    double r;   //圆的半径变量
    double area;   //圆的面积变量
    double length;   //圆的周长变量

    Scanner in = Scanner(System.in);
    System.out.println("计算圆的面积和周长,请先输入圆的半径:");
    r = in.nextDouble();

    area = 3.14 * r * r;   //计算圆的面积
    length = 2 * 3.14 * r;   //计算圆的周长

    System.out.println("半径为" + r + "的圆面积为" + area + ",周长为" +
length);
    }
}
```

练习4.2.2 平方米对应公顷和亩的面积换算

转换公式为：1平方米 = 0.000 1公顷，1平方米 = 0.001 5亩
编写程序计算下面几种面积转换后的结果，并输出。

（1）15 000平方米对应的公顷和亩。

（2）3.2亩对应的公顷和平方米。

代码如下：

```
package edu.learn;
import java.util.Scanner;
public class AreaExchange {
    public static void main(String[] args) {
        double sq; //平方米
        double hm; //公顷
        double mu; //亩
        Scanner in = new Scanner(System.in);
        System.out.println("请输入面积(平方米),我们将输出对应的公顷和亩");
        sq = in.nextDouble();
        hm = sq * 0.0001;
        mu = sq * 0.0015;
        System.out.println(sq + "平方米 =" + hm + "公顷, =" + mu +
"亩");
```

```
        System.out.println("请输入面积(亩),我们将输出对应的公顷和平方
米");

        mu = in.nextDouble();
        sq = mu /0.0015;
        hm = sq * 0.0001;
        System.out.println(mu + "亩 =" + hm + "公顷,=" + sq + "平方
米");
    }

}
```

作业练习4.2

1. 计算一年的第某天是第几个星期的第几天?

提示:此题的计算使用应使用/和%的运算结合。例如,输入"165",输出"第24周的第4天"。

2. 计算工资个人所得税,个人所得税起征点为3 500元。超过起征点在1 500元以内的部分按3%收取;超过1 500元不足4 500元的部分按10%收取;超过4 500元不足9 000元的部分按20%收取;超过9 000不足35 000的部分按照25%进行收取。小王在本月的底薪为2 850元,销售提成为7 215元,请计算小王的应发工资、应缴个人所得税、实发工资。

例如,收入10 000元的工资应缴个人所得税为1 500×0.03 + (4 500 − 1 500)×0.1 + (10 000 − 3 500 − 4 500)×0.2 = 45 + 300 + 400 = 745(元)。

要求:定义基本工资、奖金、应发工资、应缴个税、实发工资5个变量,并对基本工资和奖金赋值。然后按照要求设计数学计算表达式计算结果,并输出。

3. 假如我国国民生产总值的年增长率为7%,计算10年后我国国民生产总值与现在相比增长多少个百分比。计算公式为:$p = (1 + r)^n$

式中,p为与现在相比的倍数;r为增长率;n为年数。

提示:需要借助于函数:Math. pow (x, y),即x的y次方。

使用例子为:

int a = Math. pow (2, 3);

结果:变量a的值为8。

本章复习题答案

1. C   2. B   3. D   4. D   5. B

6. D   7. C   8. 从左到右

9. *   10. 变量

第5章

比较、逻辑运算符与选择结构程序设计

‹‹‹‹‹‹

上机目标

➤ 掌握比较运算符、逻辑运算符的运算规律
➤ 学习使用比较和逻辑运算符组织表达式来实现问题条件的求解
➤ 使用简单的 if 语句利用条件表达式实现程序执行过程的控制

上机指导 5.1　比较、逻辑运算符的学习

练习 5.1.1　比较运算符及其表达式练习

比较运算符有 " > "" < "" >= "" <= "" == ""!= "。当这些运算符进行组合应用的时候，前 4 种运算符的优先级大于后两种。另外，比较运算符的优先级小于算数运算符的优先级。

使用程序输出以下条件表达式的结果，并根据结果理解条件表达式的设计原理。其中，a = 5，b = 3，c = 4。

A. a/b > 0

B. a%2 == 0

C. c%2 == 0

D. a%c! == c%b

E. a > b > c

F. a >= b! = c <= b

提示：可以用以下程序来对表达式 A 编写代码。

```
package edu.learn;
public class Exam1{
    public static void main(String[] args) {
        int a,b,c;
        a =5;b = 3;c =4;
        System.out.println("a/b>0 的结果为:" + ( a/b>0) );
    }
}
```

 注意

在程序中, 对a/b>0使用"( )"来保证该表达式作为一个整体进行计算, 并输出结果。

练习5.1.2 逻辑运算符及其表达式练习

Java 的逻辑运算符有"&&""||""!", 它们用于计算组合运算表达式中的布尔值, 运算法则如题表5-1所示。

题表5-1 Java 逻辑运算符运算法则

A	B	A&&B	A‖B	!A
true	true	true	true	false
true	false	false	true	false
false	true	false	true	true
false	false	false	false	true

通过以下程序学习并理解"&&""||""!"的运算符法则。

```
package edu.learn;
public class Exam2 {
    public static void main(String[] args) {
        System.out.println("true && true 的结果为:" + (true && true ) );
        System.out.println("true && false 的结果为:" + (true && false ) );
        System.out.println("false && true 的结果为:" + (false && true ) );
        System.out.println("false && false 的结果为:" + (false && false ) );
        System.out.println("true ||true 的结果为:" + (true ||true ) );
        System.out.println("true ||false 的结果为:" + (true ||false ) );
        System.out.println("false ||true 的结果为:" + (false ||true ) );
```

```
        System.out.println("false || false 的结果为:" + (false || false ) );
        System.out.println("!true 的结果为:" + (!true ) );
        System.out.println("! false 的结果为:" + (!false ) );
    }
}
```

练习5.1.3　字符串的比较运算表达式

字符串类型 String 不是基本数据类型，而是引用复杂类型，因此不能使用比较运算符进行运算，它的运算是通过 equals( ) 方法来实现的。

通过以下程序练习来理解比较字符串是否相等的方法。

1. 使用 "==" 比较两个字符串是否为同一个变量。

代码如下:

```
public class Exam3 {
    public static void main(String[] args) {
        String s = "hello world";   //隐式字符串对象定义法
        System.out.println(s == "hello world");
        String s1 = String("hello world");//显式字符串对象定义法
        System.out.println(s1 == "hello world");
        System.out.println(s == s1);
    }
}
```

运行并观察结果。

2. 使用 equals( ) 方法比较两个字符串变量的内容是否相同。

代码如下:

```
package edu.learn;
public class Exam3 {
    public static void main(String[] args) {
        String s = "hello world";   //隐式字符串对象定义法
        System.out.println(s.equals("hello world"));

        String s1 = String("hello world");   //显式字符串对象定义法
        System.out.println(s1.equals("hello world"));
        System.out.println(s.equals(s1));
    }
}
```

作业练习5.1

运用比较运算符的知识，设计以下问题的比较表达式。

1. 将两个值分别输入给变量 a、b，判断变量 a 是否大于 b。

2. 输入一个值给变量 a，判断变量 a 是否为偶数。

3. 输入一个字符串给变量 speciality，编写表达式判断字符串变量 speciality 中的值是否为"计算机科学与技术专业"。

4. 输入两个字符串值给变量 name 和 pwd，判断字符串 name 和 pwd 中的值是否同时分别为"zjs"和"123"。

5. 输入三个整数值给变量 a、b、c，判断整数变量 a 是否大于 b 并且小于 c。

6. 先后对变量 a 输入 17.75，判断整数 a 是否能被 3 整除，同时也能被 5 和 7 整除。

7. 输入一个代表成绩的整数值给变量 a，判断变量 a 中的成绩是否在 80~90 分（不含 90 分）。

8. 输入一个年份整数给变量 year，并判断 year 是否为闰年。

判断某个年份是闰年的标准：①能整除 4 且不能整除 100；②能整除 400。

9. 输入代表年、月、日的三个整数给变量 y、m、d，判断它们是否为正确的日期格式。

正确的格式标准：①年份大于等于 1900，小于等于 2014；②月份大于等于 1，小于等于 12；③日期大于等于 1，小于等于 31（假设每个月均为 31 天）。

10. 输入代表年、月、日的三个整数给变量 y、m、d，对判断日期的年、月、日的范围错误的表达式（与第 9 题相反的表达式）。

上机指导5.2 简单的 if 选择分支结构

1. 输入两个值给变量 a 和 b，判断变量 a 是否大于 b。

代码如下：

```java
package edu.learn;
import java.util.Scanner;
public class Exam5_1 {

    public static void main(String[] args) {
        int a,b;
        Scanner in = Scanner(System.in);
        System.out.println("请输入一个数:");
        a = in.nextInt();
        System.out.println("请再输入一个数:");
        b = in.nextInt();
```

```
    if(a>b){
        System.out.println("您输入的较大数是" + a);
    }else{
        System.out.println("您输入的较大数是" + b);
    }
    }
}
```

2. 输入一个值给变量 a，判断变量 a 是偶数还是奇数。

提示：使用（待判断数字）% 2 == 0 来判断值是偶数还是奇数。

代码如下：

```
package edu.learn;
import java.util.Scanner;
public class Exam5_2 {

    public static void main(String[] args) {
        int num;
        Scanner input = Scanner(System.in);
        System.out.println("请输入一个整数");
        num = input.nextInt();
        if (num% 2 ==0) {
            System.out.println(num +"是偶数");
        }else {
            System.out.print(num +"是奇数");
        }
    }
}
```

作业练习 5.2

1. 用户登录时的身份验证问题。

输入两个字符串给变量 name 和 pwd，判断字符串 name 和 pwd 中的值是否同时分别为"zjs"和"123"。如果是，就输出"登录成功"；否则，就输出"登录失败"。

注意：本题应使用比较、逻辑运算符共同构成的条件表达式，字符串的比较不能采用"=="，而要用 String 类型的 equals() 方法。

2. 输入一个年份整数给变量 year，并判断 year 是否为闰年。

判断某个年份是否为闰年的标准：①能整除 4 且不能整除 100；②能整除 400。

输出文本"您输入的×××年是闰年"，或者"您输入的×××年不是闰年"（×

×××指输入的实际年份)。

3. 输入代表年、月、日的三个整数给变量 y、m、d，判断它们是否为正确的日期格式。

正确的格式标准是：①年份大于等于1900，小于等于2014；②月份大于等于1，小于等于12；③日期大于等于1，小于等于31（在本题中，每月均按31天计算）。

需要输出"该日期格式正确"，或者"该日期格式不正确"。

4. 输入 x，根据以下方程组求 y 的值。

$$y = \begin{cases} 3x + 11, & 0 <= x <= 5 \\ 11x - 7, & x < 0 \text{ 或 } x > 5 \end{cases}$$

上机指导 5.3　if…else if…else 语句和 if 嵌套

1. 输入一个整数，判断它是正整数，或是负整数，或是0。

代码如下：

```
package edu.learn;
import java.util.Scanner;

    public class Exam14 {

    public static void main(String[] args) {

        int num;
        Scanner in = Scanner(System.in);
        System.out.println("请输入一个整数:");
        num = in.nextInt();

        if(num >0) {    //num >= 0 是判断正整数的比较表达式
            System.out.println(num + "是正整数。");
        }
        else if(num <0) {
            System.out.println(num + "是负整数。");
        }
        else {
            System.out.println(num + "是零。");
        }
    }
}
```

2. 输入 x，根据以下方程组求 y 的值。

$$y = \begin{cases} x, & x < 1 \\ 2x - 1, & 1 \leqslant x < 10 \\ 3x - 11, & x \geqslant 10 \end{cases}$$

代码如下：

```
package edu.learn;

import java.util.Scanner;

public class Exam6 {

    public static void main(String[] args) {
        int x;
        int y;

        Scanner in = Scanner(System.in);
        System.out.println("请输入变量 x 的值");
        x = in.nextInt();

        if (x < 1) {
            y = x;
        } else if (x < 10 && x >= 1) {
            y = 2 * x - 1;
        } else {
            y = 3 * x - 11;
        }

        System.out.println("y = " + y);
    }

}
```

思考：
为什么在代码中没有设置条件表达式 x≥10？

3. 使用 if 嵌套编写程序求三个数中的最大值。

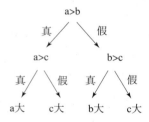

代码如下：

```java
package edu.learn;

import java.util.Scanner;
public class Exam7 {

    public static void main(String[] args) {
        int a,b,c;

            Scanner in = Scanner(System.in);
        System.out.println("请输入第一个整数");
        a = in.nextInt();
        System.out.println("请输入第二个整数");
        b = in.nextInt();
        System.out.println("请输入第三个整数");
        c = in.nextInt();

        //先判断两个数,再用其中较大的数和第三个数比较,采用if嵌套
        if (a > b){
            if (a > c){
                System.out.println("最大值是" + a);
            }else {
                System.out.println("最大值是" + c);
            }
        }else {
            if (b > c){
                System.out.println("最大值是" + b);
            }else {
                System.out.println("最大值是" + c);
            }
        }
```

```
    }
}
```

作业练习 5.3

1. 输入一个年龄数值，编写程序输出对应的称呼。

年龄与称呼的对应输出为：

A. 年龄 <6，输出"幼儿"

B. 年龄 >=6 并且 <16，输出"少年"

C. 年龄 >=16 并且 <30，输出"青年"

D. 年龄 >=30 并且 <50，输出"成年"

E. 年龄 >=50 并且 <65，输出"中年"

F. 年龄 >=65，输出"老年"

2. 按照 ××××－××－×× 格式输入一个生日日期，判断该日期是否正确。

对日期的年、月、日正确性的判断标准是：①年大于等于 1900 并且小于等于 2013；②月大于等于 1 并且小于等于 12；③日大于等于 1 并且小于等于 31（在本题中，每月按 31 天计算）。

要求：使用多分支选择结构，能分别输出：①年份格式不正确；②月份格式不正确；③日期格式不正确；④您的生日格式正确。

3. 用 if…else if…选择结构编写程序求 $ax^2 + bx + c = 0$ 的解。

提示：使用 Math. sqrt（　）方法。例如，Math. sqrt（5）是求 5 的平方根。

（1）当 $b^2 - 4ac > 0$ 时，有两个不同解：

$$\begin{cases} x1 = [-b + \text{Math. sqrt}(b^2 - 4ac)]/(2a) \\ x2 = [-b - \text{Math. sqrt}(b^2 - 4ac)]/(2a) \end{cases}$$

（2）当 $b^2 - 4ac = 0$ 时，有两个相同解：$x1 = x2 = [-b + \text{Math. sqrt}(b^2 - 4ac)]/(2a)$

（3）当 $b^2 - 4ac < 0$ 时，无解。

4. 使用选择结构实现三角形的判断。判断如下：

输入三角形的三条边的边长，边长使用 int 型变量进行存储。

第一步骤：判断这三条边能否构成三角形。判断方法为：任意两条边的和必须大于第三条边。

第二步骤：如果能形成三角形，则判断三角形的形状，方法为：

（1）如果三条边都相等，则该三角形是等边三角形。

（2）否则，如果任意两条边相等，则该三角形是等腰三角形。

（3）否则，该三角形是不规则三角形。

上机指导 5.4　switch 分支开关语句

switch 开关语句是 if…else if…else 语句的另一种表示形式，是对表达式的多种可能的常

Java程序语言基础

量结果的处理方式的一种选择执行过程。

语法：

```
switch （表达式）｛
    case 常量1:语句1;break;
    case 常量1:语句2;break;
    case 常量1:语句3;break;
    case 常量1:语句4;break;
default :语句N;break;
｝
```

1. 分别用 if…else if…else 语句和 switch 语句编写程序，将代表 5 分制的 A、B、C、D 转换为对应的百分制成绩。

（1）使用 if…else if…else 语句。

代码如下：

```
package edu.learn;
import java.util.Scanner;
public class Exam4 ｛
    public static void main(String[] args) ｛
        char grade;
        Scanner in = Scanner(System.in);
        System.out.println("请输入你的成绩等级");
        String s = in.next();
        grade = s.toCharArray()[0];

        if (grade == 'A')
            System.out.println("A 对应的百分制成绩为 85~100");
        else if (grade == 'B')
            System.out.println("B 对应的百分制成绩为 70~84");
        else if (grade == 'C')
            System.out.println("C 对应的百分制成绩为 60~69");
        else if (grade == 'D')
            System.out.println("D 对应的百分制成绩为 <60");
        else
            System.out.println("错误的输入");
    ｝
｝
```

（2）使用 switch 语句。

代码如下：

```
package edu.learn;
import java.util.Scanner;
public class Exam5 {
    public static void main(String[] args) {
        char grade;

        Scanner in = Scanner(System.in);
        System.out.println("请输入你的成绩等级");
        String s = in.next();
        grade = s.toCharArray()[0];

        switch (grade){
        case 'A':System.out.println("A 对应的百分制成绩为 85 ~ 100");break ;
        case 'B':System.out.println("B 对应的百分制成绩为 70 ~ 84");break ;
        case 'C':System.out.println("C 对应的百分制成绩为 60 ~ 69");break ;
        case 'D':System.out.println("D 对应的百分制成绩为 <60");break ;
        default : System.out.println("错误的输入");break ;
        }
    }
}
```

运行并分别输入 A、B、C、D、E，观察输出结果。

2. 把上题（2）中的 break 全部删除，运行并分别输入 A、C、V，观察输出结果，分析 break 的作用。

代码如下：

```
package edu.learn;
import java.util.Scanner;

public class Exam5 {

    public static void main(String[] args) {
        char grade;

        Scanner in = Scanner(System.in);
        System.out.println("请输入你的成绩等级");
        String s = in.next();
        grade = s.toCharArray()[0];

        switch (grade){
        case 'A':System.out.println("A 对应的百分制成绩为 85 ~ 100");
```

```
case 'B':System.out.println("B 对应的百分制成绩为 70~84");
case 'C':System.out.println("C 对应的百分制成绩为 60~69");
case 'D':System.out.println("D 对应的百分制成绩为 <60");
default : System.out.println("错误的输入");
    }
  }
}
```

作业练习 5.4

使用 switch 开关语句编写一段程序，实现如题图 5−1 所示的菜单选择输出操作。

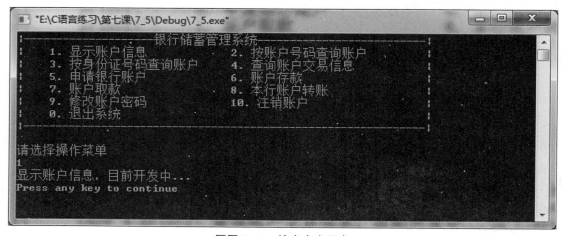

题图 5−1　输出内容示意

提示：输入一个整数为第一个操作数 op1；输入一个字符为操作符 oper；输入一个整数为第二个操作数 op2。根据操作符来决定对两个操作数的计算方法，同时输出计算结果。

输入并获取操作数的方法如下：

```
String s = in.next();
char oper = s.toCharArray()[0];
switch(oper){…}
```

 本章复习题答案

1. C　　2. C　　3. B　　4. B　　5. D
6. D　　7. C　　8. B　　9. C　　10. B

第6章

循环结构程序设计

上机目标

➢ 掌握循环结构的控制要领和技巧
➢ 掌握 Java 语言的三种循环结构的设计与使用方法
➢ 掌握 Java 语言的循环嵌套的原理和运用方法
➢ 掌握利用循环结构实现数学复杂性问题的求解

上机指导6.1　循环结构设计原理，
三种循环结构的设计和实现

1. 使用 while 循环语句控制执行 10 次循环过程，并输出 1 到 10 的整数。

代码如下：

```
package edu.learn;
public class Exam1 {
    public static void main(String[] args) {

        int i;//作为循环计数器
        i = 1;   //放在循环语句前面,初始化值为1

        while(i <= 10) {   //循环执行条件
        //循环体开始
```

```
        System.out.print(i + " ");//循环执行语句,本语句用于监视每
次循环执行时计数器 i 的变换情况

i ++;    //放在循环体末尾,通过改变 i 的值来控制循环次数

    }   //循环体结束

    }

}
```

所有需要通过循环执行
的语句以后都放在这里

提示: 本程序将实现虚线部分的 print( ) 语句的 10 次执行, 每次都将输出循环中的计数器 i 的值输出, 请观察 i 值的在 10 次执行中的变化规律。

运行并观察结果。

2. 使用 do…while 循环语句控制执行 10 次循环过程, 并输出 1 到 10 的整数。

代码如下:

```
package edu.learn;

public class Exam2 {
    public static void main(String[] args) {
        int i;//作为循环计数器
        i = 1;   //放在循环语句前面,初始化值为 1
        do {
        //循环体开始
            System.out.print(i + " ");//循环执行语句,本语句用于监视每次循环
执行时计数器 i 的变换情况
            i ++;    //放在循环体末尾,通过改变 i 的值来控制循环次数
        }while (i <=10);   //循环执行条件

    }

}
```

注意, 这里要加分号

运行并观察结果。

3. 使用 for 循环语句控制执行 10 次循环过程, 并输出 1 到 10 的整数。

代码如下:

```
package edu.learn;

public class Exam14 {
```

```
public static void main(String[] args){

    int i;//作为循环计数器
    for(i=1;i<=10;i++){ //计数器i的三个状态在()中使用,并进行先后定义
        //循环体开始
        System.out.print(i + " ");//循环执行语句,本语句用于监视每次循环
执行时计数器i的变换情况
    }
}
}
```

运行并观察结果。

4. 观察 while、do…while、for 循环在初始条件不满足循环值的情况下的不同之处。

方法：请把上面三题中的循环初始条件 i = 1 改为 i = 11，运行并观察结果。

5. 通过初始值、结束条件、循环计数器改变率来认识循环的控制。

练习以下循环，观察循环次数和每次循环执行后 i 的输出结果。

(1)for(i = 0;i < 10;i ++){printf("%d ",i);}

(2)for(i = 0;i < 10;i = i + 2){printf("%d ",i);}

(3)for(i = 5;i < 15;i = i + 2){printf("%d ",i);}

作业练习 6.1

1. 请用 while 循环输出 1、3、5、7、…、99。

2. 请用 do…while 循环输出 2000、2004、2008、2016、…、3000。

3. 请用 for 循环输出 100、95、90、85、…、0。

4. 用你喜欢的循环结构输出 1、2/3、3/5、4/7、……的前 20 项。

提示：可以在循环中使用两个计数器，一个每次加 1，一个每次加 2

5. 本金为 10 000 元，年利率为 5.6%，存款期限为 10 年，使用循环结构显示每年到期利率加本金的值。

提示：输出 10 个存款结果。

注意：下一年的本金是上一年的本金加利率的结果。

6. 用循环来实现输出斐波那契数列的前 20 项。

1、1、2、3、5、8、13、21、34、55、89 、……

提示：定义两个变量 a1 = 1，a2 = 1，先输出这两个变量的值，再从第三个数开始计算。

计算方法如下（每次循环中）：

（1）新的数字为 a1 和 a2 的和，输出产生的新数字。

（2）修改新的 a1 和 a2 的值，a1 为原 a2 的值，a2 为新产生的数字。

Java程序语言基础

上机指导 6.2　掌握基于简单循环问题的设计

1. 使用 while 循环计算从 1 到 100 的整数的和。

代码如下：

```java
package edu.learn;
public class Exam1 {
    public static void main(String[] args) {
        int i = 1;
        int sum = 0;     //加法累加器初始化必须为 0
        while (i <= 100) {
            sum = sum + i; //每次循环把计数器的值加到 sum 中
            i ++;
        }
        System.out.println("1 到 100 的和 = " + sum);
    }
}
```

运行并观察结果。

2. 使用 for 循环计算从 1 到 10 的整数乘积。

代码如下：

```java
package edu.learn;
public class Exam2 {
    public static void main(String[] args) {

        int i = 1;
        int mul = 1;      //加法累加器初始化必须为 0

        while (i <= 10) {
            mul = mul * i; //每次循环把计数器的值加到 sum 中
            i ++;
        }
        System.out.println("1 乘到 10 的结果 = " + mul);
    }
}
```

运行并观察结果。

思考：

为什么 mul 的初始值设置为 1？

作业练习 6.2

1. 输入一个数 n，计算 $1^2 + 2^2 + 3^2 + \cdots + n^2$。

2. 计算 $1 + 2/3 + 3/5 + 4/7 + 5/9 + \cdots$ 的前 20 项的和。

提示：可以使用两个计数器。

3. 利用循环实现银行存款利率的运算。

1945 年，王某在瑞士银行存了 2 万美元，之后一直没有取出，2013 年王某的儿子到瑞士银行希望将这笔钱取出，请问这笔存款连本带利能获得多少钱呢？（使用以下格式实现输入输出）

```
*****************************
*    瑞士银行通存通兑存款计算    *
*****************************
*    瑞士银行年平均利率4.95     *
*****************************
输入存款金额：$20000
输入存款年限：54
存款到期金额：? 元
```

提示：第一年 = 20 000 × (1 + 0.049 5) = 20 990

第二年 = 20 990 × (1 + 0.049 5) = 22 029.005

依次类推，计算 54 次。

4. 使用 for 循环求 100 ~ 999 没有相同数字的三位数。例如，123 就是没有相同数字的三位数，而 122 就是有相同数字的三位数。

提示：百位上的数，用该数字"/100"即可得到；十位上的数，用该数字减去 100 倍百位上的数，再"/10"即可得到；个位上的数，该数字"%10"求余数即可得到。

5. 财主赖账，阿凡提作为公证人，给财主出了一个主意：

财主将欠的钱分 30 天还清，第 1 天还 1 个铜板，第 2 天还 2 个铜板，第 3 天还 4 个铜板，第 4 天还 8 个铜板。财主乐滋滋地同意了。

请输出财主在这 30 天中每天应还的铜板数，以及在这 30 天内需要还的铜板总数。

上机指导6.3 掌握循环嵌套结构的
设计执行特点

1. 编写一个循环嵌套，观察在这个循环嵌套中两个循环的执行次数，以及外部循环的循环变量 i 和内部循环的循环变量 j 的变化方式。

代码如下：

```
public class Exam1 {

    public static void main(String[] args) {
        int i,j;
        i = 1;
        while (i <= 10) {    //外部循环
            System.out.print("i = " + i);    //放在外部循环体中

            j = 1;
            while (j <= 10)  {  //内部循环
                System.out.print("j = " + j);          //放在内部循环体中
                j ++ ;
            }
            System.out.println();
            i ++ ;    //外部循环变量 i 的变化方法
        }
    }
}
```

运行后，观察结果中 i 和 j 的输出。

2. 使用循环嵌套输出一个 20 行 20 列的矩形。

代码如下：

```
package edu.learn;
public class Exam2 {

    public static void main(String[] args) {
        int i,j;
        for (i = 1; i <= 20; i ++) {    //外循环
            for (j = 1; j <= 20; j ++) {    //内循环
                System.out.print("* ");
```

```
        }
        System.out.println("");    //每输出完一行*后就换行
      }
    }
}
```

运行并观察结果。

3. 改造内循环中的循环条件输出三角形。

代码如下：

```
package edu.learn;
public class Exam3 {
    public static void main(String[] args) {
        int row,col;
        System.out.println("绘制一个20×20的正三角形");
        for ( row =1;row <=20;row ++ ){
            for ( col =1;col <= row;col ++ ) {    //内部循环的循环次数等于当前外
部循环的次数

                System.out.print("* ");
            }
            System.out.println();
        }
    }
}
```

内循环的循环次数
根据外循环的循环
变量的改变而改变

运行并观察结果。

作业练习6.3

1. 使用循环嵌套绘制如题图6-1所示的九九乘法表。

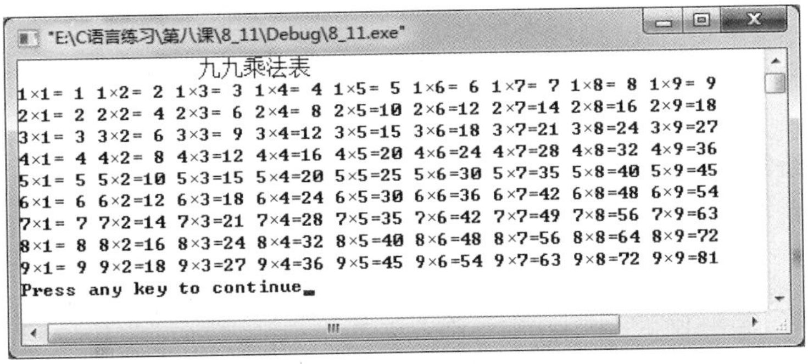

```
"E:\C语言练习\第八课\8_11\Debug\8_11.exe"
                            九九乘法表
1×1= 1 1×2= 2 1×3= 3 1×4= 4 1×5= 5 1×6= 6 1×7= 7 1×8= 8 1×9= 9
2×1= 2 2×2= 4 2×3= 6 2×4= 8 2×5=10 2×6=12 2×7=14 2×8=16 2×9=18
3×1= 3 3×2= 6 3×3= 9 3×4=12 3×5=15 3×6=18 3×7=21 3×8=24 3×9=27
4×1= 4 4×2= 8 4×3=12 4×4=16 4×5=20 4×6=24 4×7=28 4×8=32 4×9=36
5×1= 5 5×2=10 5×3=15 5×4=20 5×5=25 5×6=30 5×7=35 5×8=40 5×9=45
6×1= 6 6×2=12 6×3=18 6×4=24 6×5=30 6×6=36 6×7=42 6×8=48 6×9=54
7×1= 7 7×2=14 7×3=21 7×4=28 7×5=35 7×6=42 7×7=49 7×8=56 7×9=63
8×1= 8 8×2=16 8×3=24 8×4=32 8×5=40 8×6=48 8×7=56 8×8=64 8×9=72
9×1= 9 9×2=18 9×3=27 9×4=36 9×5=45 9×6=54 9×7=63 9×8=72 9×9=81
Press any key to continue
```

题图6-1　输出内容示意1

2. 修改内循环条件生成如题图 6-2 所示的九九乘法表。

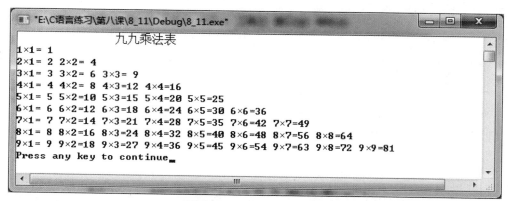

题图 6-2　输出内容示意 2

3. 绘制一个如题图 6-3 所示的 11 行 21 列的等腰三角形。

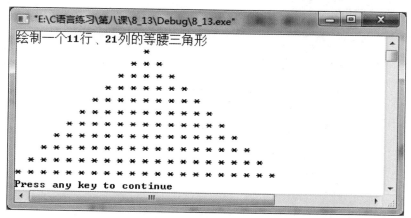

题图 6-3　输出内容示意 3

提示：在编写程序前，应先观察三角形的绘制规律。

（1）本题由一个 11 行 21 列的矩形演变而成，因此应先绘制出这个矩形。

（2）这个三角形是由符号 * 和空格按照一定规律绘制而成。因此，应找出其绘制规律。该规律就是所有符号 * 和空格都以等腰三角形中间列（第 11 列）的左和右实现等份分布。即：

第 1 行：仅绘制第 11 列，即在第（11-0）列到第（11+0）列之间输入符号 *，其余输入空格。

第 2 行：仅绘制第 10、11、12 列，即在第（11-1）列到第（11+1）列之间输入符号 *，其余输入空格。

第 3 行：仅绘制第 9、10、11、12、13 列，即在第（11-2）列到第（11+2）列之间输入符号 *，其余输入空格。

……

第 11 行：绘制所有列，即在第（11-10）列到第（11+10）列之间输入符号 *，其余输入空格。

总结以上规律，在第 row 行输入符号 ∗ 的通用公式为在第（11 − row + 1）列到第（11 + row − 1）列之间输入符号 ∗，其余输入空格。

（3）本题是以绘制 11 行 21 列的矩形考虑基础，使用 if…else 来判断是输入符号 ∗ 还是输入空格。

上机指导 6.4　掌握循环中的 break 和 continue，以及复杂问题的求解

1. 编写代码，在循环中使用 break。

代码如下：

```
package edu.learn;
public class Exam5 {
    public static void main(String[] args) {
        int i;
        for (i = 1; i <= 10; i ++) { //外循环
            if (i == 8) {
                break; //当 i == 8 时终止循环
            }
            System.out.print(" " + i);
        }
        System.out.println("程序结束");
    }
}
```

运行并观察结果。

2. 编写代码，在循环中使用 continue。

代码如下：

```
package edu.learn;
public class Exam19 {
    public static void main(String[] args) {
        int i;
        for (i = 1; i <= 10; i ++) { //外循环
            if (i == 8) {
                continue; //当 i == 8 时终止循环
            }
            System.out.print(" " + i);
        }
```

```
                System.out.println("程序结束");
        }
}
```

运行并观察结果。

3. 使用 for 循环求 100~999 的没有相同数字的三位数，同时输出总共有多少个这样的数字。例如：123 就是没有相同数字的三位数，而 122 就是有相同数字 2 的三位数。

代码如下：

```
package edu.learn;
public class Exam5_1 {
    public static void main(String[] args) {
        int count = 0;
        for (int i = 100; i <= 999; i ++) {
            if (i/100 != (i/10)% 10 && (i/10)% 10 != i% 10 && i/100 != i% 10) {

                System.out.println(i);
                count ++;

            }
        }


        System.out.println("100 到 999 之间一共有" + count + "个三个位数上的数字都不相同的数字");
    }
}
```

运行并观察结果。

4. 一个口袋中有 12 个球，其中有 3 个红球、3 个白球和 6 个黑球。从中任取 8 个球，共有多少种不同颜色的搭配？

提示：这个问题是使用循环嵌套求解排列组合问题，只要清楚每种球有可能出现的数量，使用多个循环嵌套就可以实现了。

解题思路：

3 个白球最少会出现 0 个，最多出现 3 个。　　　（红球 + 黑球 = 9 > 8）

3 个红球最少会出现 0 个，最多出现 3 个。　　　（白球 + 黑球 = 9 > 8）

6 个黑球最少会出现 2 个，最多出现 6 个。　　　（红球 + 白球 = 6 < 8）

代码如下：

```
package edu.learn;
public class Exam4 {
    public static void main(String[] args) {
        int white,red,black,count = 0;    //分别代表白球、红球、黑球的数量和计数
器
        for (white = 0;white <= 3;white ++) { //白球的取球数量范围
            for (red = 0;red <= 3;red ++) { //红球的取球数量范围
                for (black = 2;black <= 6;black ++) { //黑球的取球数量范围
                    if (white + red + black == 8) {
                        count ++;
                        System.out.println("第" + count + "种拿法——白
球:" + white + ",红球:" + red + ",黑球:" + black);
                    }
                }
            }
        }
    }
}
```

运行并观察结果。

作业练习6.4

1. 公鸡的价格为5元/只，母鸡的价格为3元/只，小鸡的价格为1元3只。现在用100元买100只鸡，且公鸡、母鸡、小鸡都要有，一共有几种买法？

2. 某彩票每注由7个1~36的数字组成，每注数字不能重复（如"1、11、1、33、22、17、8"则由于"1"重复，该注彩票作废）。如果购买该彩票的全餐（全部可能的数字组合），共有多少注的组合？如果购买每注彩票需2元，一共需要多少钱？

◆◇◆ 附加题

1. 猜酒令游戏中，玩家给出一个2~10的整数。所有玩家开始从1开始数数，遇到这个数的倍数，或者数字中有这个数，就不能数出来，否则就要罚酒。请编写一个游戏程序，输入一个数后，能输出1~100的所有合法（不受罚）数字。

提示：

（1）要请玩家输入一个数m，并用if语句判断这个数是否在2~10范围，如果不在该范围，就提示并终止本次游戏。

（2）循环1~100，对每次循环的计算器（1~100）的值进行条件筛选：①m的倍数不输出显示；②用整除得到的三个位数，只要有一个位数与m相同就不输出显示；③其他数

字输出显示。

2. 模拟一个猜随机数的游戏，随机数产生如下：

Math. random( ) 是 java 用于产生随机数的函数，调用该函数将返回 0～1 的随机小数。如果要获得一个整数（如 0～1 000 的任意随机数），则使用 "int num =（int）（Math. random( ) * 1000）；" 即可。

要求：在这个 0～1 000 的随机数产生的基础上，让玩家通过输入 0～1 000 的数字来猜这个随机数，程序将根据每次对玩家输入数字和预先产生的随机数进行比较，并给予数字大了或小了的提示，直到猜对。同时，记录下玩家竞猜的次数。

伪代码如下：

```
得到一个 0~1 000 的随机数
提示游戏开始
开始猜题
用户输入一个数字
判断:如果猜的数字比随机数大
则    提示"你猜的数字高了。"
如果   猜的数字比随机数小
则    提示"你猜的数字低了。"
如果   猜的数字等于随机数
则    提示"你猜对了,这个数字是×××。"
判断:如果 没有猜对
则    回到开始处
否则   退出循环
最后告知玩家本次猜数字共使用的次数。
```

第 7 章

数　组

> ➤ 掌握一维数组的定义和遍历
> ➤ 掌握基于一维数组的线性数列的操作
> ➤ 掌握二维数组的定义和遍历
> ➤ 掌握二维数组的操作
> ➤ 掌握线性数列的排序

上机指导 7.1　一维数组的定义、赋值和遍历

1. 练习一维数组的定义、赋值和初始化方法，以及一维数组的遍历。

代码如下：

```java
package edu.learn;
import java.util.Scanner;
public class Exam1 {
    public static void main(String args[]) {
        //定义一个长度为 5 的整型数组
        int a[] = int [5];
        //为数组的第一个和第二个数组元素赋值,第三、四、五个数组元素不赋值
        a[0] = 5;   a[1] = 9;
        System.out.println("数组 a 的第一个数组元素 a[0] = " + a[0]);
        System.out.println("数组 a 的第一个数组元素 a[1] = " + a[1]);
```

```
//定义一个长度为 5 的 double 型数组,并初始化它的值
double b[] = {56.5,102.4,0.2,24.8,9999.99};
//可以使用循环来输出数组 b 中的 5 个数组元素的值
System.out.print("输出数组 b 中的 5 个值:");
for(int i =0;i <5;i ++){
    System.out.print(b[i] + " ");
}
    }
}
```

2. 练习使用键盘向数组中的数组元素逐一输入小数型数据，注意数组的 length 变量的用法。

代码如下：

```
package edu.learn;
import java.util.Scanner;
public class Exam3 {
    public static void main(String args[]){
        float num[] = float [5];
        Scanner in = Scanner(System.in);

        for(int i =0;i <5;i ++){
            System.out.println("请输入第" + i +1 +"个同学的成绩");
            num[i] =in.nextFloat();
        }

        //显示数组的长度,该长度与数组定义有关,与值无关
        System.out.print(" num 数组的长度为" + num.length);
        //显示输入成绩,注意 length 变量的使用
        for(int i =0;i < num.length;i ++){
            System.out.print(num[i] + " ");
        }
    }
}
```

3. 从已知数组中查找第一个匹配字符 m 的数组元素，并返回它所在的位置。

代码如下：

```
package edu.learn;
public class Exam8_2 {
    public static void main(String[] args) {
```

```
        char s[] = {'i',' ','a','m',' ','t','o','m','.'};

            boolean find = false ;//找到字符状态,false表示未找到
        for ( int i = 0 ; i < s.length ; i ++ ) {
            if ( s[ i ] == 'm' ) {
                System.out .println( "第一个m所在的位置为" + i);
                    find = true ;//找到了
                break ;
            }
        }

            if ( find == false ) System.out .println( "字符数组中没有m");
        }
}
```

4. 某已知一维数组中存放着6个小数，请编写算法计算所有小数的总和以及平均值。

代码如下：

```
package edu.learn;
public class Exam8_3 {
    public static void main( String[] args) {
        double a[] = {63.0,75.0,96.5,87.5,69.5,54.0};

        double sum = 0;
        double avg = 0;
        for ( int i = 0 ; i < a.length ; i ++ ) {
            sum += a[i];
        }
        avg = sum /a.length;
        System.out .println( "a数组中所有数组元素的总和为" + sum + ",平均值
为" + avg);
    }
}
```

作业练习7.1

1. 请定义三个数组并存储题表7-1中的银行账户信息，按格式输出，计算所有银行储户的账户总额，以及账户平均值。

题表 7 – 1　银行账户信息

账户号	001	002	003	004	005
储户姓名	李小鹏	胡雅琳	杜蝶雨	戴天乐	黄文彬
账户密码	111111	222222	333333	444444	55555
账户余额	30 000	40 000	100 000	90 000	140 000

请根据以上的要求，定义 4 个数组存储银行的账户信息，并用循环格式输出这 5 个储户的信息。

格式如下：

×××银行储户信息

账户号	储户姓名	账户密码	账户余额
001	李小鹏	111111	30000
002	胡雅琳	222222	40000

……

银行存款总额：400000

账户平均值：80000

2. 输入储户的账户号，查找该账户是否存在。如果存在，则按格式输出该账户的账户信息；如果不存在，则给出不存在该账户的提示信息。

上机指导 7.2　一维数组的各种复杂操作和实际应用

1. 向一个已知数组插入一个数据（题图 7 – 1）。

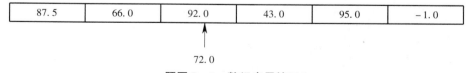

| 87.5 | 66.0 | 92.0 | 43.0 | 95.0 | − 1.0 |

72.0

题图 7 – 1　数组应用练习 1

代码如下：

```
package edu.learn;
import java.util.Scanner;
public class Exam3 {
public static void main(String args[]){
    float num[] = {87.5f,66.0f,92.0f,43.0f,95.0f, -1.0f};
    //将 72.0 分的成绩插入到第 2 个数组元素之后
```

```
    for ( int i = 4 ; i >= 2 ; i -- ) {   //i 的变化为 4,3,2
        num[ i + 1 ] = num[ i ];
    }
    num[ 2 ] = 72.0 f ;

    System.out.println("插入数据后的数组是:");
    for ( int i = 0 ; i < 6 ; i ++ ) {
        System.out.print(num[ i ] + " ");
    }
  }
}
```

2. 求一位数组中各数组元素的最大值。

方法一：定义一个变量，存放数组元素的最大值。首先，将第一个数组元素的值赋值给这个变量；然后，遍历数组，每次都将这个变量的值与数组下标为 i 的数组元素进行比较，如果数组元素的值较大，则将数组元素的值赋值给这个变量。当遍历完成后，这个变量的值就是数组中各数组元素的最大值。

代码如下：

```
package edu.learn;
public class Exam7_4 {
    public static void main(String[] args) {
        int a[] = {83,27,22,89,43,6,17,21,62,54};
        int max = a[0];//将第一个数赋值给 max
        for ( int i = 1 ; i < a.length ; i ++ ) {
        //遍历数组时从第二个数组元素下标开始
            if ( a[i] > max ) {
                max = a[i];
            }
        }
        System.out.println("数组中最大的值为" + max);
    }
}
```

方法二：改变数组元素中数字的位置。遍历数组，每次将 i 和 i + 1 位置的数组元素中数值进行两两比较，如果前一个数比后一个数大，则将数组元素中的值交换位置，数组遍历完成后（即各个数全部比较及交换完成后），最后一个数就是最大值。

代码如下：

```
package edu.learn;

public class Exam7_5 {
    public static void main(String[] args) {
```

```
int a[] = {83,27,22,89,43,6,17,21,62,54};
int t;//数组元素使用的临时交换变量
for(int i = 0;i < a.length - 1;i ++) {
//遍历数组时,最后一个数组元素的下标应该为数组元素的总数 -1
    if(a[i] > a[i +1]) {
        //将较大的数交换到后面的数组元素中
        t = a[i];
        a[i] = a[i +1];
        a[i +1] = t;
    }
}
System.out.println("数组中最大的值为" + a[a.length - 1]);
}
}
```

作业练习 7.2

1. 练习从一个已知数组中删除指定位置的数据（题图 7 - 2）。

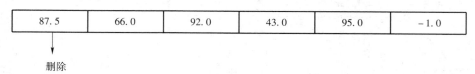

删除

题图 7 - 2　数组应用练习 2

2. 定义一个长度为20的 int 数组，数组元素的值按斐波那契数列规律，即：前两个数组元素的值为1，从第三个数组元素开始，每个数组元素 n[i] 的值为前两个数组元素 n[i - 1] 和 n[i - 2] 的值的和。

3. 现有一个已经从小到大排好序的整数数组（10 个元素数组元素，前 9 个数组元素的值分别是 2、4、8、17、19、22、37、45、97），在其中插入一个新的数字（用户输入），使新的数组也按照从小到大顺序的排列。

提示：此题应先遍历数组，然后将新数字与数组元素进行比较，找到比新数字大的数组元素后，将包含该数组元素的所有后面的元素向后移一位，最后再将新数字插入原来该数组元素所在的位置。

4. 已知一个长度为10 的整数数组，其数组元素的值依次为 29、18、6、9、35、92、78、11、65、2，使用冒泡排序法编写程序，先按从小到大的顺序输出，再按从大到小的顺序输出。

上机指导7.3　二维数组的定义、赋值和遍历

1. 练习二维数组的定义、赋值，以及输出其他各数组元素的值。

代码如下：

```
package edu.learn;

public class Exam2 {
public static void main(String args[]){
        int a[][] = new int [3][3]; //包含3行3列9个数组元素
        a[0][0] =1;  a[0][1] =2;a[0][2] =3;
        a[1][0] =4;  a[1][1] =5;a[1][2] =6;
        a[2][0] =7;  a[2][1] =8;a[2][2] =9;
        //给9个数组元素赋值

        System.out.print(a[0][0] + " " + a[0][1] + " " + a[0][2]);
        System.out.println();
        System.out.print(a[1][0] + " " + a[1][1] + " " + a[1][2]);
        System.out.println();
        System.out.print(a[2][0] + " " + a[2][1] + " " + a[2][2]);
        System.out.println();
        //输出数组元素的值
    }
}
```

2. 练习二维数组的初始化定义方法，以及使用循环嵌套实现二维数组的数组元素遍历。

代码如下：

```
package edu.learn;

public class Exam3 {
public static void main(String args[]){
        int a[][] = {{1,2,3},{4,5,6},{7,8,9}};
        //定义二维数组时再初始化数组的值

        for (int i =0;i <3;i ++){
```

```
for(int j =0;j <3;j ++){
    System.out.print(" " + a[i][j]);
}
System.out.println();
    }
  }
}
```

（1）int a[3][3]；共有多少个数组元素？_____

（2）在上述示例代码中，a[1][0] 的值为_____，a[2][1] 的值为_____。

作业练习7.3

1. 定义一个二维数组并存储为钻石菱形（题图7-3），并输出。

提示：定义一个 char 类型的二维数组，使用循环嵌套对二维数组的全体数组元素赋值为空字符，即"[空格]"；然后，观察菱形的特点，在对应的数组元素中设置值为"*"；最后，使用循环嵌套将数组的值按照行列式输出。

```
        *
      *   *
    *       *
  *           *
    *       *
      *   *
        *
```

2. 定义一个 4 行 4 列的二维整型数组，使用初始化方法存储 1、2、3、…、16。使用算法找出数字 13 所在的数组下标位置（即行标和列标）。

题图7-3　输出内容示意

3. 定义一个 5 行 5 列的数组，使用循环嵌套将数组元素全部赋值为 1，如题图 7-4 所示。

1	1	1	1	1
1	1	1	1	1
1	1	1	1	1
1	1	1	1	1
1	1	1	1	1

题图7-4　数组应用示意1

4. 定义一个 5 行 5 列的数组，使用循环嵌套将左斜线的数组元素赋值为 1，如题图 7-5 所示。

提示：思考"1"所在的二维数组元素的行和列索引的特点。

1				
	1			
		1		
			1	
				1

题图 7 - 5 数组应用示意 2

5. 定义一个 5 行 5 列的数组，并用循环嵌套将如题图 7 - 6 所示的部分数组元素赋值为 1。

提示：思考"1"所在的二维数组元素的行和列索引的特点。

6. 定义一个 5 行 5 列的数组，编写算法为数组按照如题图 7 - 7 所示的方式进行赋值。

提示：思考"1"所在的二维数组元素的行和列索引的特点。

1				
1	1			
1	1	1		
1	1	1	1	
1	1	1	1	1

题图 7 - 6 数组应用示意 3

1	1	1	1	1
1	2	2	2	1
1	2	2	2	1
1	2	2	2	1
1	1	1	1	1

题图 7 - 7 数组应用示意 4

上机指导 7.4 使用数组实现各种复杂数学问题的解决

1. 将以下矩阵定义在一个二维数组中，在通过循环按照矩阵的行列式进行输出。

$$\begin{bmatrix} 1 & 9 & -13 \\ 20 & 5 & -6 \end{bmatrix}$$

代码如下：

```
package edu.learn;
public class Exam5 {
public static void main(String args[]){{

    int i,j;
    //int a[2][3] ={{1,9,-13},{20,5,-6}};
    //第一种方法


    int a[2][3];
    a[0][0]=1;  a[0][1]=9;  a[0][2] = -13;
```

```
a[1][0] =20;   a[1][1] =5;   a[1][2] = -6;
//第二种方法

for(i =0;i <2;i ++){
    for(j =0;j <3;j ++){
        System.out.println("a[" +i +"][" +j +"]:" +a[i][j]);
    }
}
}
}
```

作业练习 7.4

1. 求以下矩阵行列式的值：

$$\begin{bmatrix} 5 & 1 \\ 4 & 2 \end{bmatrix}$$

说明：2×2 矩阵行列式的值的计算公式为：

$$\det \begin{pmatrix} a & b \\ c & d \end{pmatrix} = ad - bc$$

提示：首先使用二维数组通过初始化方式创建并获得该矩阵的值，然后计算并输出该行列式结果。

2. 定义一个 5 行 5 列的二维数组，按照题图 7-8 所示的方式赋值，并按行列式输出该数组元素的所有值。

3. 计算题 2 中的二维数组的所有数组元素中数值和。

4. 计算题 2 中的二维数组中的第 1 行所有数组元素中数值的和。

5. 计算题 2 中的二维数组中的第 1 列的数组元素中数值的和。

6. 如题图 7-9 所示，分别计算题 2 中的二维数组中两条斜线所包含的数组元素中数值的和。

1	2	3	4	5
6	7	8	9	10
11	12	13	14	15
16	17	18	19	20
21	22	23	24	25

题图 7-8　数组应用示意 5

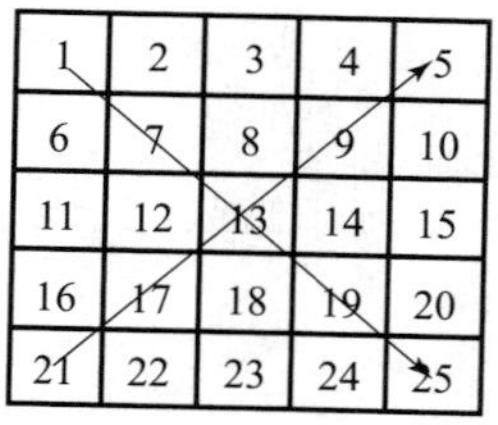

1	2	3	4	5
6	7	8	9	10
11	12	13	14	15
16	17	18	19	20
21	22	23	24	25

题图 7-9　数组应用示意 6

1. 猴子选王

100 只猴子选猴王，规则是站成一个圆圈，从第 1 只猴子开始报数，数到 3 的猴子就退出，数到最后一只猴子就回到第 1 只猴子开始数，直到剩下最后一只猴子就是猴王，这是第几只猴子？

提示：定义一个长度为 100 的一位数组，初始化为 1，每个数组元素对应一只猴子，将退出猴子对应的数组元素设置为 0。

2. 九宫图

要求：使用 1~9 的整数填入以下 3 行 3 列的数组中（题图 7 - 10），要求任何一行/列/斜线的和都是 15，要求编写算法来填入数字，并输出结果。

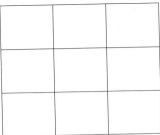

题图 7 - 10　九宫图示意

 本章复习题答案

1．A	2．D	3．C	4．D	5．D
6．B	7．D	8．B	9．A	10．B

第8章

函　　数

‹‹‹‹‹‹

上机目标

➤ 掌握函数的概念、作用
➤ 掌握函数的定义和设计方法
➤ 掌握函数参数的调用、传值方式
➤ 理解函数局部变量和全局变量的作用域的不同
➤ 掌握函数的嵌套调用和递归调用

上机指导8.1　无参和有参函数的定义和调用

1. 定义一个函数，函数内实现输出 5 个 "Hello World"，实现后在 main( ) 函数中调用并输出结果。

代码如下:

```java
package ch08;

public class Exam1 {
    public static void printfHello(){
    //定义一个不需要返回值的无参函数,必须在 main( )方法前定义
        int i;
        for(i = 0;i < 5;i ++){
            System.out.println("Hello World");
        }
    }
```

> 自定义一般函数

```
                                                             主函数

public static void main(String args[]){
 //主函数,程序从这里开始,从这里结束
         printfHello(); //无参函数调用,括号里不给任何参数,另外无 void 无返回
值标记,也不需要定义变量来接收函数的输出

                              自定义一般函数的
                              调用
     }
 }
```

运行并输出结果。

2. 定义一个函数,作为分隔行在 main( ) 函数中进行多次调用。

代码如下:

```
package ch08;
public class Exam2 {
    public static void head(){
    //head()函数用于输出一行 * 符号
        System.out.println(" ********** ");
    }

    public static void main(String[] args) {
        head();
        System.out.println("软件技术专业");
        head();
        System.out.println("Java 程序语言基础");
        head();
    }
}
```

运行并输出结果。

3. 定义一个带返回值和输入参数的函数,用于计算两个数的和,实现后在 main( ) 函数
中调用并输出结果。

代码如下:

```
package ch08;
public class Exam3 {
    public static void add(){
```

```
        int c;
        int a = 5,b = 7;
        c = a + b;//这里将传入到形式参数 a 和 b 的和
        System.out.println(a + " + " + b + "的结果为" + c);
    }

    public static void main(String args[]){

        add();
        add();
    }
}
```

求解变量定义在函数内部

调用两次，看结果是否不同

运行并输出结果。

4. 无参函数改为有参函数，用参数将求解变量 a、b 移到函数的输入参数中，实现两个接收输入的窗口容器，此为带参数函数定义。

代码如下：

```
package ch08;

public class Exam4 {
    public static void add ( int a ,int b ) {

        int c;
        c = a + b;//这里将传入到形式参数 a 和 b 的值求和
        System.out.println(a + " + " + b + "的结果为" + c);
    }

    public static void main(String args[]){
        add(5,7);
        add(19,22);
        add(32,33);
        int m = 29,n = 55;
        add(m,n);
    }
}
```

已知量的变量定义移到方法参数列表中来定义，它可以介绍外部传来的值

对函数可以使用不同的输入，得到不同的结果

运行并输出结果。

作业练习 8.1

1. 将下面存款金额为 17 万元、年利率为 5.9%、10 年期存款的到期金额计算函数改为存款金额、年利率和存款年限都可以由用户输入指定的有参数的函数定义，完成后在 main( ) 函数中调用该函数并计算：

（1）存款金额为 50 万元，年利率为 6.8%，2 年期的到期金额是多少？

（2）存款金额为 6 万元，年利率为 7.8%，5 年期的到期金额是多少？

```java
public void caculatorBankMoeny(){
    double   money =170000.0,interest =0.059;
    int years =10;
    for ( int i =1;i <=years;i ++){
        money =money + money * interest;
    }
    System.out.println("170000 元 10 年后的存款金额为" + money);
}
```

2. 设计一个求 3 个数最大值的函数，该函数的三个数由用户通过参数来提供，定义完成后，在 main( ) 函数中调用并求其最大值，然后输出结果。

（1）5、9、12

（2）17、4、11

3. 设计一个能求出矩形面积、矩形周长、矩形类型（长方形/正方形）的函数，矩形的长和宽通过参数由用户提供，定义完成后由 main( ) 函数调用并输出结果。

（1）长为 8.2、宽为 6.5 的矩形计算结果。

（2）长为 4.0、宽为 4.0 的矩形计算结果。

上机指导 8.2　函数的定义和调用的关系，调用函数时参数的运用

1. 通过对 4 个用户函数的调用来实现《咏柳》诗词的输出，观察函数的执行是与定义顺序有关还是与调用顺序有关。

```java
package ch08;
public class Exam05 {
    public static void second(){
        System.out.println("万条垂下绿丝绦");
    }
}
```

```
public static void first(){
    System.out.println("碧玉妆成一树高");
}

public static void fourth(){
    System.out.println("二月春风似剪刀");
}

public static void third(){
    System.out.println("不知细叶谁裁出");
}

public static void main(String[] args){
    first();
    second();
    third();
    fourth();
}
}
```

运行并输出结果。

将 main() 函数中的函数调用修改为如下：

```
public static void main(String[] args){
    fourth();
    third();
    second();
    first();
}
```

再运行并观察输出结果。

2. 编写以下函数，在 main() 函数中按照要求调用该函数实现计算结果。

```
package ch08;
public class Exam6{
    public static void caculator(double num1,String op,double num2){
        double result = 0;
        char oper = op.toCharArray()[0];
        switch (oper){
        case '+':result = num1 + num2;break;
        case '-':result = num1 - num2;break;
```

```
    case '*':result = num1 * num2;break;
    case '/':result = num1 /num2;break;
    default:System.out.println("运算符错误");break;
    }


//根据输入的 op 所指定的操作符号,计算 num1 和 num2 的数学计算关系
    System.out.println("结果为" + result);
}


public static void main(String[] args) {
```

> 根据下面指导,练习不同的函数调用方法

```
    }
}
```

根据以下提示代码在 main() 函数中分别使用 4 种方式来调用一个自定义函数 public void caculator（double number1,String operator,double number2）,在函数体中输出计算结果,然后运行 4 种方式来观察输出结果。

（1）常量作为函数调用时的传入参数。

调用函数计算 "5.0 + 7.0" 的结果。

```
    caculator(5.0," + ",7.0);
```

（2）变量作为函数调用时的传入参数。

定义两个变量存储 12.8 和 5.4,调用函数,计算它们的乘积。

```
    double n1,n2;
    String op;
    n1 = 12.8;
    n2 = 5.4;
    op = " * ";
    caculator(n1,op,n2);
```

（3）表达式作为函数调用时的传入参数。

定义两个表达式 "5 × a − 4" 和 "b/6",调用函数计算这两个表达式结果的乘积。

```
    double a,b;
    a = 2;
    b = 18
    caculator(5*2 - 4,op,b/6);
```

（4）更为常见的函数使用方法是参数来自用户的即时输入。

定义两个 double 变量 n1、n2,一个 String 变量 op,通过用户的输入来调用函数,然后计算结果。

```
double n1,n2;
String op;
Scanner in = Scanner(System.in);
System.out.println("数值公式计算");
System.out.println("请输入第一个数字(小数)");
n1 = in.nextDouble();
System.out.println("请输入第二个数字(小数)");
n2 = in.nextDouble();
System.out.println("请输入两个数字的计算符号( + , - , * , / )");
op = in.nextLine();

caculator(n1,op,n2);
```

作业练习8.2

1. 编写一个名为 drawRect（）的函数，该函数将接受一个代表正方形宽的 int 类型值，和一个组成正方形的特殊字符，之后函数执行并输出该正方形，在 main（）函数体内调用两次不同参数值的 drawRect（）函数。

（1）调用"drawRect（10," * "）;"，结果如题图 8 - 1 所示。

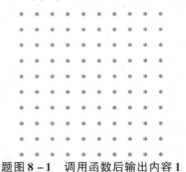

题图 8 – 1　调用函数后输出内容 1

（2）调用"drawRect（5,"#"）;"，结果如题图 8 - 2 所示。

```
# # # # #
# # # # #
# # # # #
# # # # #
# # # # #
```
题图 8 – 2　调用函数后输出内容 2

2. 复习过去的复杂 if 的问题，将该问题的求解封装到一个名为 getCarTax（）的函数中，用户需要输入以下信息：

汽车类型（代号）：汽油车为 1，混合动力车为 2，新能源汽车为 3

汽车排量：浮点小数类型（如 0.8、1.6、2.4）

汽车价格：整型（如 129 800、235 900）

函数需要根据以下购置税计算方法进行购置税计算：

汽油车：

（1）1.0 L 以下，汽车价格的 4%。

（2）1.0 ~ 1.6 L（含 1.6 L），汽车价格的 8%。

（3）1.6 ~ 2.4 L（含 2.4 L），汽车价格的 12%。

（4）2.4 ~ 3.2 L（含 3.2 L），汽车价格的 16%。

（5）3.2 L 以上，汽车价格的 24%。

混合动力车：（汽油发动机排量部分）

（1）1.0 L 以下，汽车价格的 2%。

（2）1.0 ~ 1.6 L（含 1.6 L），汽车价格的 4%。

（3）1.6 ~ 2.4 L（含 2.4 L），汽车价格的 6%。

（4）2.4 ~ 3.2 L（含 3.2 L），汽车价格的 8%。

（5）3.2 L 以上，汽车价格的 12%。

新能源汽车：免购置税

函数调用：

汽车类型（代号）、汽车排量、汽车价格由用户在程序执行时即时输入。

上机指导8.3　函数参数的两种传递方式，带返回值的函数定义和调用，函数参数的作用域

8.3.1　函数参数的值传递方式

形参的类型必须是基本数据类型，参数的值从实参复制到形参。

使用函数将 m 和 n 的值进行交换的代码如下：

```
package ch08;
public class Exam1002 {
    public static void transValue(int a,int b) {  //参数类型为 int 型
        int c ;
        c =a;a=b;b=c;              //交换 a =10,b =5
        System.out.println("函数调用中:a = " + a +",b = " +b);
    }
    public static void main(String[] args) {
        int m =5,n =10;
        System.out.println("函数调用前:m = " + m + ",n = " + n);
```

```
        transValue(m,n);
        System.out.println("函数调用后:m=" + m + ",n=" + n);
    }
}
```

运行程序，观察值传递方式，函数内 a、b 的值是否交换了，函数调用的 m 和 n 的值是否交换了。

8.3.2　函数参数的引用传递

形参是数组或 String 类型时，实参和形参是同一个变量。
调用函数来将 m 的值进行修改的代码如下：

```
package ch08;

public class Exam1002 {

    public static void transValue(String a){
        a = "王小二";                //修改形参 a 的字符串内容
        System.out.println("函数调用中:a=" +a);
    }

    public static void main(String[] args) {
        String m = "张三";
        System.out.println("函数调用前:m=" + m);
        transValue(m);
        System.out.println("函数调用后:m=" + m);
    }
}
```

运行程序，观察函数内 a 的值是否被修改了，函数调用时的 m 的值是否被修改了。

8.3.3　数组为函数的形参

定义一个函数，参数为一维整型数组，在函数内对该传入该参数数组中的值扩大 2 倍。在 main 主函数中调用该函数并传入一个已知数组，函数调用结束后，观察已知数组的值是否被函数改变了。
代码如下：

```
package ch08;
import java.util.Arrays;
```

```
public class Exam1003 {

    public static void transArray(int b[]){
        for(int i = 0;i < b.length;i ++){
            b[i] = b[i]*2;
        }
        System.out.println("函数调用中:a = " + Arrays.toString(b));
    }

    public static void main(String[] args) {
        int a[] = {1,2,3};
        System.out.println("函数调用前:a = " + Arrays.toString(a));
        transArray(a);
        System.out.println("函数调用后:a = " + Arrays.toString(a));
    }
}
```

运行程序，观察 main( ) 函数中的 a 数组是否被函数 transArray(a) 修改了，根据结果结合自己的理解说明原因。

8.3.4 将无返回值函数改为有返回值函数

以下代码没有返回值：

```
package ch08;
public class Exam1005 {                     void表示没有返回值

    public static void temperatureFToC(double f) {

        double c;
        c = (f - 32) /(9.0/5.0);//f 来自外部输入
        System.out.println(c);
    }

    public static void main(String args[]){
    //计算华氏温度 69.2 度所对应的摄氏温度的值
        temperatureFToC(69.2);                调用时不需要
    }                                         接收返回值

}
```

以下代码有返回值：

```
package ch08;

public class Exam1006 {

    public static double temperatureFToC(double f)
    {
        double c;
        c = (f - 32) /(9.0/5.0);//f 来自外部给予

        return c;
    }

    public static void main
(String args[])
    {//计算华氏温度69.2 度所对应的摄氏温度的值
        double a;
        a = temperatureFToC(69.2);
        System.out.println(a);
    }
}
```

定义函数的
返回值类型

通过return关键字
返回结果

调用时通过赋值语句
获得函数返回值

作业练习 8.3

1. 编写一个名为 sort( ) 的函数，该函数用于接收一个一维数组 a，函数将对该数组中的数组元素的值进行排序。

提示：数组的长度可以通过使用 a. length 函数获得。编写一个 main( ) 函数，在 main( ) 函数中定义一个任意长度的 int 类型数组，并赋予一个无序数字的初值，之后调用 sort( ) 函数实现该数组的排序。

2. 定义一个名为 circleArea 的函数，需要输入一个代表半径的参数，函数根据该参数计算圆的面积，并返回该面积的值。

要求：实现该函数，并在 main( ) 函数中调用该函数来计算半径为 3.2 的圆的面积。

3. 定义一个名为 pow 的函数，拥有两个整型参数——num 和 p，该函数返回 num 的 p 次方的值。

要求：实现该函数，并在 main( ) 函数中调用该函数来计算 2 的 8 次方，返回的正确结果应为 256。

4. 定义一个名为 getTotalMoney 的函数，函数参数为存款本金、存款年利率和存款年限，计算并返回总利息。

要求：实现该函数，并在 main( ) 函数中调用该函数。存款本金为 70 000 元，存款年利率为 6.8%，计算 3 年到期后的总利息。

上机指导 8.4 全局变量和函数的局部变量

全局变量定义在 class 中，位于函数的外部。对于所有函数而言，全局变量都是唯一的、共享的。因此，一个函数对全局变量的修改在另一个函数中也可以看到。

局部变量定义在函数内，包括函数的形参变量和函数内定义的变量。这些函数只在函数中可见。因此，一个函数对自己的局部变量的修改，另一个函数不可见，也不可以访问。

在以下程序中，定义了一个全局变量 globe（函数外），一个属于 incream 函数的局部变量 part（incream 函数内），一个属于 main( ) 方法的局部变量 part（main( ) 方法内）。在 main( ) 方法中调用 incream 函数，观察全局变量 globe 和两个函数的局部变量 part 值的变化情况，分析并总结全局变量和局部变量的特点。

```java
package ch08;
public class Exam1006 {
    static int globe =0;//全局函数,所有函数共用这个变量,使用static 关键字定义,并且放置于函数外定义
    static void incream(){
        int part =0;    //属于 incream 的局部变量
        part ++;
        System.out.println("incream 函数内的 part = " + part);
        globe ++;
        System.out.println("incream 函数内的 globe = " +globe);
    }
    public static void main(String args[]){
        int part =0;    //属于 main( ) 方法的局部变量
        incream();
        part ++;
        System.out.println("main( )方法内的 part = " +part);
        globe ++;
        System.out.println("main( )方法内的 globe = " +globe);
    }
}
```

作业练习 8.4

定义三个全局数组，存储银行中储户的信息，信息包括：账号（string 类型）、储户姓

名（string 类型）、储户存款（double 类型）。

编写两个函数：

（1）openAccount( )；该函数中包含用户输入操作，提示输入三项信息，并将信息添加到数组中（末尾）。

（2）queryAllAccount( )；该函数用于按格式显示所有账户的信息。

要求：将三个数组移入 main( ) 函数中，作为局部变量，通过参数将数组传递给函数来进行操作。

上机指导 8.5 多个函数的嵌套调用

1. 使用函数嵌套实现数值计算。

在类中定义 5 个函数分别实现加、减、乘、除、求余的功能，再定义第 6 个函数来调用前 5 个函数，然后在主函数 main( ) 中调用第 6 个函数，使用函数嵌套来实现数值计算的功能。

代码如下：

```
package ch08；
public class Exam1201 {
    public static void main(String[] args) {
        int m = cal(97,'/',7);
        System.out.println("97/7 = " + m);
        m = cal(97,'%',7);
        System.out.println("97% 7 = " + m);
    }

    /*数值运算函数*/
    public static int cal(int num1,char oper,int num2){
        int result = 0;
        switch(oper) {    //根据操作符来调用函数
        case '+': result = add(num1,num2);break;
        case '-': result = sub(num1,num2);break;
        case '*': result = mul(num1,num2);break;
        case '/': result = div(num1,num2);break;
        case '%': result = remain(num1,num2);break;
        default:break;
        }

        return result;
```

```
    }

    /* 以下是各个数值运算的子函数 */
    public static int add( int num1,int num2 ) {    //加法函数
      int result;result =  num1 + num2;return result;
    }

    public static int sub( int num1,int num2 ) {    //减法函数
      int result;result =  num1 - num2;return result;
    }

    public static int mul( int num1,int num2 ) {    //乘法函数
      int result;result =  num1 * num2;return result;
    }

    public static int div( int num1,int num2 ) {    //除法函数
      int result;result =  num1 /num2;return result;
    }

    public static int remain( int num1,int num2 ) {//取余数函数
      int result;result =  num1 % num2;return result;
    }
}
```

观察并研究这样编写程序在可读性和结构性上的好处。

2. 求圆柱体的体积的函数结构化编程。

提示：将任务分解为两个子任务，再进行嵌套调用。

代码如下：

```
package ch08;
public class Exam1202 {
    //计算圆柱体的底圆面积
    public static double circleArea(double r){
        return 3.14 * r * r;
    }

    //计算圆柱体的体积
    public static double circleVolumn(double r,double height){
```

```
        return circleArea(r) * height;
    }

    public static void main(String args[]){
        double r =3.5,height =16.8;
        double vol = circleVolumn(r,height);
    }
}
```

3. 使用函数嵌套调用实现 1! +2! +3! +4! +5! +6! +⋯+ n!。

将任务分解为以下两个子任务的函数：

（1）根据 n 输出其阶乘 fac（int n）。

（2）根据 n 输出 1 到 n 的和 sum（int n）。

计算原理如下：

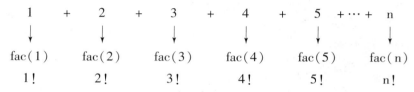

代码如下：

```
package ch08;
import java.util.Scanner;
public class Exam1203 {
    public static int fac( int n){
        int mul =1,i;
        for( i =1;i <=n;i ++){
            mul =mul * i;
        }
        return mul;
    }//求 n! 的函数


    public static int sum( int n){
        int s =0,i;
        for( i =1;i <=n;i ++){
            s =s + fac(i);//fac(i)是求 i 的阶乘
        }
        return s;
```

```
//求 1 到 n! 的和

public static void main(String args[]){
    int n,rs;
    Scanner in = new Scanner(System.in);
    System.out.println("计算1!+2!+…+n!,请输入 n ");
    n = in.nextInt();
    rs = sum(n);
    System.out.println("结果为" + rs);
}
```

作业练习8.5

1. 计算底面半径为2.0、高为4.0 的近似圆锥体的体积。

提示：把圆锥体按如题图8-3所示分解。

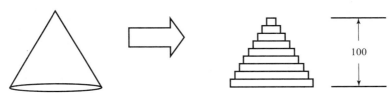

题图8-3 圆锥体分解示意

圆锥体的体积约为100个高为0.04（即4.0÷100）的圆柱体的的体积之和。100个圆柱体的半径从下到上分别为2.0、1.98、1.96、…、0.02，间隔为0.02。

因此，该近似圆锥体的体积为：

$(3.14×2.0×2.0×0.04)+(3.14×1.98×1.98×0.04)+(3.14×1.96×1.96×0.04)$
$+…+(3.14×0.02×0.02×0.04)$

（1）求半径为 r、高为0.04 的圆柱体体积的函数。

（2）依次求100个圆柱体的半径，并调用（1）的函数求圆柱体的体积，最后求100个圆柱体积的和，即圆锥体的近似体积。

2. 计算 $1+2!/2^2+3!/3^3+4!/4^4+…+n!/n^n$。

提示：（1）编写一个求 n! 的函数。

（2）编写一个求 n 的 n 次方的函数。

（3）编写一个求1到n的和的函数，调用①和②求 $n!/n^n$。

上机指导8.6   函数自己对自己的递归调用

1. 将函数对自己嵌套调用，实现将求三个数的最大值的任务分解为求三次两个数最大值的子任务的组合。

代码如下：

```
package ch08;

public class Exam1301 {
    public static void main(String[] args) {
        System.out.println("5、9、7 的最大值为" + max( max(5,9),max(9,
7)));
    }

    public static int max(int a,int b){
        return a >b?a:b;
    }
}
```

这种自己对自己嵌套调用的方法，已经成了另外一种函数调用模式——递归。

（1）函数的递归调用就是函数自己调用自己，用于解决自己的某项子任务，反复调用，直到问题得到最终解决。

（2）递归的原理：每次调用自己时，必须使下一次自己解决的问题的规模比上一次要小一些。

（3）使用递归时需注意：当递归到问题规模到最小化时就必须停止递归了。

2. 使用递归方法求 5 的阶乘。

递归方法求 5 的阶乘示意如题图 8-4 所示。

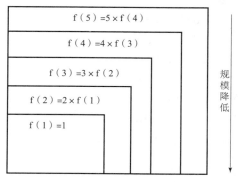

题图 8-4   递归方法求 5 的阶乘示意

代码如下:

```
package ch08;

public class Exam1302 {
    public static int fac(int n){
        if(n ==1){
            return n;     //当递归到1(不可再分时)递归结束
        }
        else{
            return n * fac(n-1);//通过递归分解来降解问题规模
        }
    }

    public static void main(String args[]){
        int n =4;
        System.out.println(n + "的阶乘为" + fac(n));
    }
}
```

用递归方法求 5 的阶乘分解示意如题图 8 - 5 所示。

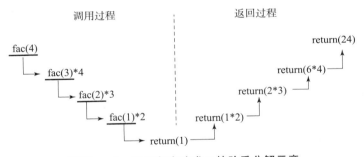

题图 8 - 5 用递归方法求 5 的阶乘分解示意

作业练习 8.6

1. 运用递归求解 1 + 2 + 3 + 4 + ⋯ + n。

2. 用递归求解斐波那契数列的第 20 位。

1,1,2,3,5,8,13,21,34,55,89,⋯⋯

分析:

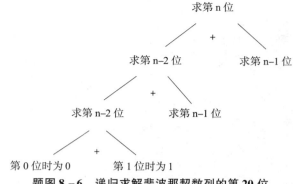

求第 n 位

求第 n–2 位   求第 n–1 位

求第 n–2 位   求第 n–1 位

第 0 位时为 0   第 1 位时为 1

题图 8–6   递归求解斐波那契数列的第 20 位

提示：编写一个 fib(int n)的函数，每次调用该函数时，将该斐波那契数的求解分解为求 fib(n–2)+fib(n–1)的子任务。当分解到 n==0 时，斐波那契数为 0；当 n==1 时，斐波那契数为 1，就不能再分解了。

本章复习题答案

1. A   2. A   3. B   4. D   5. C   6. D   7. A
8. C   9. D   10. C   11. A   12. C   13. D

第9章

银行储蓄账户管理子系统综合项目案例

上机目标

➢ 掌握软件项目的分析和设计的方法和技巧
➢ 运用函数进行项目任务的分解使问题难度及其规模降低
➢ 理解结构化程序设计的思想和方法

上机指导9.1 银行储蓄账户管理子系统的设计

软件自顶向下进行程序设计，按先定义框架再具体实现的模式编程。

（1）按照软件结构化程序设计针对目标问题进行数据领域（变量或数组）和功能领域（函数）的分析研究，设计用于保存银行储蓄账户信息的 4 个数组以及一个临时存储当前操作的储蓄账号的数据结构。

（2）按照软件功能基于规模的单一化分解设计方法，自顶向下的设计和实现原则，将整个银行储蓄账户管理子系统的功能划分为一个用于程序启动的主函数和 10 个代表不同账户操作的子功能函数。

将所有函数以及账户数据数组都定义在一个名为 AccountManager. java 的源程序文件中，如题图 9 – 1 所示。

```
▲ 🏦 银行储户管理子系统
  ▷ 🔖 JRE System Library [JavaSE-1.8]
  ▲ 🐛 src
    ▲ 🔡 edu.learn
      ▷ 🔃 AccountManager.java
```

题图 9 – 1 银行储蓄账户管理子系统
项目文件结构

AccountManager. java 文件（包含系统所用的数据结构和所有功能函数定义）的代码如下：

```
package edu.learn;


import java.util.Scanner;
```

```java
/* *
 *银行储蓄账户管理子系统
 *@author Administrator
 *
 */
public class AccountManager {
    public static final int MAX =100;    //设置数组的长度的常量
    public static String id[] = String[MAX ];//存储储户账号的数组
    public static String realname[] = String[MAX ];//存储储户姓名的数组
    public static String pwd[] = String[MAX ];//存储储户密码的数组
    public static double balance[] = double [MAX ];//存储储户账户余额的数组

    public static int g_cur_id;//存储当前正在进行银行操作的储户账号数据所在
数组中的索引

    /**
     *主函数,用于启动管理子程序
     */
    public static void main(String[] args) {
        //调用 sysMenu()方法开启系统菜单
        sysMenu();
    }

    /**
     *系统菜单函数
     *提供系统菜单,并通过用户的输入进行菜单选择
     */
    public static void sysMenu() {}

    /**
     *银行账户开户函数
     */
    public static void openAccount() {}

    /* *
     *查询所有账户信息函数
     */
```

```
public static void queryAllAccount() {}


/**
 **登录账户函数,主要功能为:通过账号和密码找到用户储蓄账户
 */
public static void entryAccount() {}


/**
 *提供账户菜单,并通过用户的输入进行菜单选择
 */
public static void accountMenu() {}


/**
 *提示用户输入存款金额,并重新修改存款金额
 */
public static void deposit() {}


/**
 *根据用户输入的取款金额,修改当前账户的余额
 */
public static void withdraw() {}


/**
 *提示用户输入并修改用户的登录密码
 */
public static void modifyPwd() {}


/**
 *提供对用户自己账户进行查询
 */
public static void myaccount() {}


/**
 *销毁当前用户账户,要求先检查账户余额是否为空,如果不为空就不能销毁
 */
public static boolean deposeAccount() {}
```

上机指导 9.2　银行储蓄账户管理子系统的实现

基于统一数据结构的各功能函数在其实现顺序上并没有严格要求，由于各函数在业务上的独立性，因此既可以先将各功能函数单独实现，再编写主函数进行串接和调用，也可以按照函数的调用顺序先写主函数、再写注册函数……作为初学者，按照业务流程的实现顺序来进行函数实现有利于对所需实现业务的理解和把握。

9.2.1　设计系统启动主函数

设计说明：启动主函数就是 main( ) 方法，它的作用就是启动项目，调用银行储蓄管理的菜单提供函数，开启银行子系统的功能菜单选择模式。

代码如下：

```java
/**
 *主函数,用于启动管理子程序
 */
public static void main(String[] args) {
        //调用 sysMenu( )方法开启系统菜单
        sysMenu( );
}
```

9.2.2　设计银行储蓄管理的菜单提供函数

设计说明：系统需要提供的功能菜单包括：存折开户、登录账户、查看所有账户、退出系统。在程序中对每项功能使用一个数字来进行对应。按照用户操作的习惯，先进行功能菜单的提示，再进行用户选择的数字输入，最后根据输入使用 switch 开关语句（也可以使用 if…else…if 语句）进行判断，并选择调用数字对应的功能函数来开启对应菜单的业务功能。整个操作放在一个循环结构中，让系统可以持续运行。当用户输入"0"时，退出循环，系统运行结束。

代码如下：

```java
/**
 *系统菜单函数
 *提供系统菜单,并通过用户的输入进行菜单选择
 */
public static void sysMenu( ){ //系统菜单函数
```

```
        int input;//存储用户输入的菜单号
        Scanner in = Scanner(System.in);
        do{
            System.out.println(" ******************* 系统操作 ***********
*********** ");
            System.out.println("1 存折开户  2 登录账户  3 查看所有账户   0
退出系统");
            System.out.println(" ************************************************
********* ");
            System.out.println("选择操作   ");
            input = in.nextInt();
            switch(input){
                case 1:openAccount();break;  //开户
                case 2:entryAccount();break;  //登录进入账户
                case 3:queryAllAccount();break;  //查看所有账户
                case 0:break;  //退出系统
                default : System.out.println("输入有误");break;
            }
        }while(input!=0);

        System.out.println("系统结束,欢迎下次使用。再见!");
    }
```

9.2.3 设计存折开户函数

设计说明：存折开户就是将一个储户的账户信息添加到储户账户数组中。所以，
先提示输入开户的账户信息，再将该信息添加到数组中一个储户账号信息为空的位
置中。为了简单起见，在本程序中储户账号由操作员给出，即人工维护账号的唯一
性。

代码如下：

```
/**
*银行账户开户函数
*/
public static void openAccount() {
    //定义用户输入的账户信息变量
    String newid,newName,newPwd;
    double newBalance;
    //输入账户信息
```

```
Scanner in = Scanner(System.in);
System.out.println("请输入账号  ");
newid = in.next();
System.out.println("请输入储户的姓名  ");
newName = in.next();
System.out.println("请输入账号密码  ");
newPwd = in.next();
System.out.println("请输入开户账户的预存金额  ");
newBalance = in.nextInt();

//将开户过程中获得的账号、姓名、密码和余额添加到4个账户信息数组的末尾
for(int i = 0;i < id.length;i ++){
    if(id[i] == null){   //通过判断id[i]为空来找到数组末尾
        id[i] = newid;
        realname[i] = newName;
        pwd[i] = newPwd;
        balance[i] = newBalance;
        System.out.println("开户完成");
        break;
    }
}
}
```

9.2.4 设计查看所有账户函数

设计说明：查看所有储蓄账户的操作通过循环遍历整个储蓄账户数组，把账户编号不为 null 的数组元素的值按指定的规范格式进行输出。

代码如下：

```
/**
 *查看所有账户信息函数
 */
public static void queryAllAccount(){
    int i;
    System.out.println("账号            储户姓名            存款余额");
    System.out.println(" ------------------------------------- ");
    for(i = 0;i < id.length;i ++){
        if(id[i]! = null){
```

```
            System.out.println(id[i] +"                    " +realname[i] +"
        " +balance[i]);
            }
        }
    }
```

9.2.5　设计登录账户函数

设计说明：用户登录账户时，将被提示输入账号和交易密码，系统遍历储户账户数组，将每一个位置上保存的账户信息中的账号和密码来和用户的输入进行对比，若比对成功，就退出遍历，设置一个登录成功状态变量 success 的值为 true，否则，就将变量 success 的值设置为 false。如果 success 的值为 true，程序就调用个人账户功能菜单提供函数，否则，就给出提示，继续回到主系统菜单。

注意：用户登录成功后，需将登录用户所在数组的位置保存到静态变量 g_cur_id 中，这样之后对指定账户的操作就能够直接基于该位置找到用户数据来操作了。

代码如下：

```
/**
 *
 *登录账户函数的主要功能为:通过账号和密码找到用户的储蓄账户
 */
public static void entryAccount() {
    String account,pawd;
    boolean success =false;
    Scanner in = Scanner(System.in);
    System.out.println("请输入登录账户的账号  ");
    account =in.next();
    System.out.println("请输入账户交易密码  ");
    pawd =in.next();
    for(int i =0;i <id.length;i ++){
        if(id[i]!=null){ //判断该数组元素有内容
            if(id[i].equals(account) && pwd[i].equals(pawd)){
                System.out.println("账号              储户姓名
    存款余额");
                System.out.println(" ------------------------------- ");
                System.out.println(id[i] +"                " +real-
name[i] +"          " +balance[i]);
                g_cur_id =i;   //将匹配的账号对应的数组元素的下标赋值给
g_cur_id
```

```
                success = true ;//设置找到成功标志
                break ;//找到就结束,不用再找了
            }
        }
    }

        if (!success) { //success == false 代表没有找到匹配的账户
            System.out.println(" ------------------------------ ");
            System.out.println("您输入的账号和交易密码不正确!");
        }else {
            //success == true 代表找到匹配的账号
            accountMenu();//进入账户菜单

        }
    }
```

9.2.6 设计指定账户的菜单提供函数

设计说明:与系统主菜单提供函数的设计思路一致,只是菜单内容和对应的业务功能有所不同。

代码如下:

```
/**
 *提供账户菜单,并通过用户的输入进行菜单选择
 */
public static void accountMenu(){//账户菜单函数
    int input;
    Scanner in = Scanner(System.in);
    do {
        System.out.println(" ******************** 账户操作 **************
******** ");
        System.out.println("1 账户存款  2 账户取款  3 账户销户  4 修改密
码  5 我的账户  6 退出账户");
        System.out.println(" *******************************************
******** ");
        System.out.println("选择操作   ");
        input = in.nextInt();
        switch (input){
        case 1:deposit();break ;
```

```
        case 2:withdraw();break ;
        case 3:if (deposeAccount()) input =6;break ;
        case 4:modifyPwd();break ;
        case 5:myaccount();break ;
        case 6:break ;
        default :System.out .println("输入有误");break ;
        }
    }while (input!=6);
}
```

9.2.7　设计指定账户的存款函数

设计说明：提示用户输入金额，并将该金额累加到登录账户的余额中，并重新显示新的余额数据。

代码如下：

```
/* *
 *提示用户输入存款金额,并重新修改存款金额
 */
public static void deposit(){ //存款函数
    double newBalance;
    Scanner in = Scanner(System.in );
    System.out .println("输入存入金额   ");
    newBalance = in.nextDouble();

    balance[g_cur_id] + = newBalance;
    System.out .println(" -------------------------------- ");
    System.out .println("本次存款后的余额为" +balance[g_cur_id] +"元");
    }
```

9.2.8　设计指定账户的取款函数

设计说明：提示用户输入取款金额，判断当前账户的余额是否足够，如果不足，则给出提示；否则，就对余额进行修改，并输出新的余额数据。

代码如下：

```
/* *
 *根据用户输入的取款金额,修改当前账户的余额
 */
```

```
public static void withdraw(){ //取款函数
    double newBalance;
    Scanner = Scanner(System.in);
    System.out.println("输入取款金额   ");
    newBalance = in.nextDouble();

    if (balance[g_cur_id] - newBalance <0){
        System.out.println(" ------------------------------ ");
        System.out.println("本次取款过程中发生余额不足。");
    }
    else {
        balance[g_cur_id] - = newBalance;
        System.out.println(" ------------------------------ ");
        System.out.println("本次取款后的余额为" + balance[g_cur_id]
+"元");
    }
}
```

9.2.9　设计指定账户的查询函数

设计说明：格式化显示在数组指定位置（g_cur_id）上的账户信息。
代码如下：

```
/* *
 * 提供对用户自己账户进行查询
 */
public static void myaccount(){

    System.out.println("账号          储户姓名          登录密码
存款余额");
    System.out.println(" ------------------------------ ");
    System.out.println(id[g_cur_id] +"     " +realname[g_cur_id]
            +"     " +pwd[g_cur_id] +"   " +balance[g_cur_id]);
}
```

9.2.10　设计修改指定账户的密码函数

设计说明：修改账户要求用户通过连续两次输入一个相同的新密码，之后使用该密码将
指定账号的密码进行替换。

代码如下：

```java
/**
*提示用户输入并修改用户的账户密码
*/
public static void modifyPwd(){
    String newPwd,confirm;
    Scanner = Scanner(System.in);
    System.out.println("请输入新的账户密码");
    newPwd = in.next();
    System.out.println("请再次输入新的账户密码");
    confirm = in.next();
    if(!newPwd.equals(confirm)){
        System.out.println(" ------------------------------- ");
        System.out.println("您两次输入的新账户密码不相同,本次修改失败。");
        return;
    }

    pwd[g_cur_id] = newPwd;
    System.out.println(" ------------------------------- ");
    System.out.println("新的账户密码修改成功并生效。");
}
```

9.2.11　设计指定账户销户函数

设计说明：账户销户函数先需要检查账户余额是否为空，若为空，则将账户的所有数据全部设置为 null（或为 0），若不为空则不能销户。

代码如下：

```java
/**
*销毁当前用户账户,要求先检查账户余额是否为空,若不为空则不能销毁
*/
public static boolean deposeAccount() {
    if(balance[g_cur_id] >0){
        System.out.println("本账户余额不为 0,不能销户。");
        return false;
    }else{
        String oldid = id[g_cur_id];
        id[g_cur_id] = null;
        realname[g_cur_id] = null;
```

```
            pwd[g_cur_id]=null;
            balance[g_cur_id]=0;
            System.out.println(" ------------------------------- ");
            System.out.println("账户 "+oldid+"销户操作成功,系统将返回上
一层系统菜单。");
            return true;//销户成功
        }
    }
```

9.2.12　子程序系统完成后的测试效果

子程序系统完成后的测试效果如下:

1. 开户

```
****************** 系统操作 *********************
1 存折开户  2 登录账户  3 查看所有账户  0 退出系统
************************************************
选择操作
1
请输入账号
001
请输入储户的姓名
张锦盛
请输入账户密码
123
请输入开户账户的预存金额
100.00
开户完成
```

2. 查看所有账户

```
****************** 系统操作 *********************
1 存折开户  2 登录账户  3 查看所有账户  0 退出系统
************************************************
选择操作
3
```

账号	储户姓名	存款余额
001	张锦盛	100.00

3. 登录账户

    ******************* 系统操作 *******************

1 存折开户　2 登录账户　3 查看所有账户　0 退出系统

    ****

选择操作

2

请输入登录账户的账号

001

请输入账户交易密码

123

账号	储户姓名	存款余额
001	张锦盛	100.00

4. 存款

    ******************* 账户操作 *******************

1 账户存款　2 账户取款　3 账户销户　4 修改密码　5 我的账户　6 退出账户

    ****

选择操作

1

输入存入金额

500.00

本次存款后的余额为600.00元

5. 取款

    ******************* 账户操作 *******************

1 账户存款　2 账户取款　3 账户销户　4 修改密码　5 我的账户　6 退出账户

    ****

选择操作　2

2

输入取款金额

600.00

本次取款后的余额为0.00元

6. 修改密码

```
****************** 账户操作 ******************
1 账户存款   2 账户取款   3 账户销户   4 修改密码   5 我的账户   6 退出账户
**********************************************
选择操作    4
4
请输入新的账户密码
456
请再次输入新的账户密码
456
```

新的账户密码修改成功并生效。

7. 查询自己的账户

```
****************** 账户操作 ******************
1 账户存款   2 账户取款   3 账户销户    4 修改密码    5 我的账户   6 退出账户
**********************************************
选择操作    5
5
```

账户号	储户姓名	登录密码	存款余额
001	张锦盛	456	0.00

8. 销户

```
****************** 账户操作 ******************
1 账户存款   2 账户取款   3 账户销户   4 修改密码   5 我的账户   6 退出账户
**********************************************
选择操作    3
```

账户 001 销户操作成功，系统将返回上一层系统菜单。

9. 退出系统

```
****************** 系统操作 ******************
1 存折开户   2 登录账户   3 查看所有账户   0 退出系统
**********************************************
选择操作    0
系统结束，欢迎下次使用。 再见！
```

作业练习 9.2

1. 编写一个函数 getNewId( )，该函数用于返回一个唯一可用的 3 位数字的字符串，如 "004""193""872"。这个字符串生成时，先遍历整个数组的已有储户账号，并将每个账号从字符串转换为数字，同时比较数字大小，找到最大的已使用的账号，再将该账号加 1，并转换回字符串，最后将该字符串从函数中输出。

举例说明：如果当前数组中已经存在账号 "001""002""003"，则 getNewId( ) 输出 "004"。

2. 修改银行存折开户函数 openAccount( )，将原来的由用户输入账号改为由上题编写的函数 getNewId( ) 运行所得的账号来取代。

本章复习题答案

1. C　　2. B　　3. A　　4. B　　5. 主函数或 main( ) 函数

附录　ASCII 码表

二进制	十进制	控制字符	二进制	十进制	控制字符	二进制	十进制	控制字符	二进制	十进制	控制字符
0000 0000	0	(NULL)	0010 0000	32	(space)	0100 0000	64	@	0110 0000	96	`
0000 0001	1	☺	0010 0001	33	!	0100 0001	65	A	0110 0001	97	a
0000 0010	2	☻	0010 0010	34	"	0100 0010	66	B	0110 0010	98	b
0000 0011	3	♥	0010 0011	35	#	0100 0011	67	C	0110 0011	99	c
0000 0100	4	♦	0010 0100	36	$	0100 0100	68	D	0110 0100	100	d
0000 0101	5	♣	0010 0101	37	%	0100 0101	69	E	0110 0101	101	e
0000 0110	6	♠	0010 0110	38	&	0100 0110	70	F	0110 0110	102	f
0000 0111	7	●	0010 0111	39	'	0100 0111	71	G	0110 0111	103	g
0000 1000	8	◘	0010 1000	40	(	0100 1000	72	H	0110 1000	104	h
0000 1001	9	○	0010 1001	41	)	0100 1001	73	I	0110 1001	105	i
0000 1010	10	◙	0010 1010	42	*	0100 1010	74	J	0110 1010	106	j
0000 1011	11	♂	0010 1011	43	+	0100 1011	75	K	0110 1011	107	k
0000 1100	12	♀	0010 1100	44	,	0100 1100	76	L	0110 1100	108	l
0000 1101	13	♪	0010 1101	45	–	0100 1101	77	M	0110 1101	109	m
0000 1110	14	♫	0010 1110	46	.	0100 1110	78	N	0110 1110	110	n
0000 1111	15	¤	0010 1111	47	/	0100 1111	79	O	0110 1111	111	o
0001 0000	16	►	0011 0000	48	0	0101 0000	80	P	0111 0000	112	p
0001 0001	17	◄	0011 0001	49	1	0101 0001	81	Q	0111 0001	113	q
0001 0010	18	↕	0011 0010	50	2	0101 0010	82	R	0111 0010	114	r
0001 0011	19	‼	0011 0011	51	3	0101 0011	83	S	0111 0011	115	s
0001 0100	20	¶	0011 0100	52	4	0101 0100	84	T	0111 0100	116	t
0001 0101	21	§	0011 0101	53	5	0101 0101	85	U	0111 0101	117	u
0001 0110	22	▬	0011 0110	54	6	0101 0110	86	V	0111 0110	118	v
0001 0111	23	↨	0011 0111	55	7	0101 0111	87	W	0111 0111	119	w
0001 1000	24	↑	0011 1000	56	8	0101 1000	88	X	0111 1000	120	x
0001 1001	25	↓	0011 1001	57	9	0101 1001	89	Y	0111 1001	121	y
0001 1010	26	→	0011 1010	58	:	0101 1010	90	Z	0111 1010	122	z
0001 1011	27	←	0011 1011	59	;	0101 1011	91	[	0111 1011	123	{
0001 1100	28	∟	0011 1100	60	<	0101 1100	92	\	0111 1100	124	|
0001 1101	29	↔	0011 1101	61	=	0101 1101	93	]	0111 1101	125	}
0001 1110	30	▲	0011 1110	62	>	0101 1110	94	^	0111 1110	126	~
0001 1111	31	▼	0011 1111	63	?	0101 1111	95	_	0111 1111	127	DEL

参 考 文 献

［1］耿祥义，张跃平. Java 面向对象程序设计［M］. 北京：清华大学出版社，2013.

［2］Y. Daniel Liang. Java 语言程序设计（基础篇）［M］. 戴开宇，译. 北京：机械工业出版社，2015.

［3］Bruce Eckel. Thinking In Java［M］. 陈昊鹏，译. 北京：机械工业出版社，2013.

［4］Ian F. Darwin（达尔文）. Java 经典实例（第三版）［M］. 李新叶，余晓晔，译. 北京：中国电力出版社，2016.

［5］谭浩强. C 语言程序设计（第 3 版）［M］. 北京：清华大学出版社，2014.

［6］谭浩强. C 语言程序设计（第 3 版）学习辅导［M］. 北京：清华大学出版社，2014.

［7］纳拉西姆哈·卡鲁曼希（Narasimha Karumanchi）. 数据结构与算法经典问题解析：Java 语言描述（原书第 2 版）［M］. 张嘉伟，等译. 北京：机械工业出版社，2016.

［8］高德纳（Knuth，D. E.）. 计算机程序设计艺术：第 3 版. 第 1 卷，基本算法［M］. 李伯民，范明，蒋爱军，译. 北京：人民邮电出版社，2016.